国家社会科学基金重点项目（15AJY009）
江苏省社会科学基金重点项目（19CJS010）
江苏省"三三三工程"项目

经济新常态下
我国雾霾防治模式与机制研究

RESEARCH ON THE MODEL AND MECHANISM OF HAZE PREVENTION AND CONTROL UNDER NEW NORMAL OF CHINESE ECONOMY

徐盈之◎著

经济管理出版社
ECONOMY & MANAGEMENT PUBLISHING HOUSE

图书在版编目（CIP）数据

经济新常态下我国雾霾防治模式与机制研究/徐盈之著．—北京：经济管理出版社，2020.8

ISBN 978-7-5096-7281-5

Ⅰ.①经… Ⅱ.①徐… Ⅲ.①空气污染—污染防治—研究—中国 Ⅳ.①X51

中国版本图书馆 CIP 数据核字（2020）第 135970 号

组稿编辑：郭丽娟
责任编辑：魏晨红
责任印制：黄章平
责任校对：董杉珊

出版发行：经济管理出版社
（北京市海淀区北蜂窝 8 号中雅大厦 A 座 11 层 100038）
网 址：www.E-mp.com.cn
电 话：（010）51915602
印 刷：北京玺诚印务有限公司
经 销：新华书店
开 本：720mm×1000mm/16
印 张：12.75
字 数：195 千字
版 次：2020 年 9 月第 1 版 2020 年 9 月第 1 次印刷
书 号：ISBN 978-7-5096-7281-5
定 价：68.00 元

前　言

雾霾污染防治不仅是打赢蓝天保卫战的有力支撑，也是推动国家治理方式实现经济新常态下“历史性变革”的重要契机。随着雾霾问题的出现，实现雾霾污染防治逐渐成为各个国家、地区乃至产业部门的重要任务之一，构建雾霾污染防治模式，讨论雾霾防治的机制问题已成为多方关注的热点话题。本书在经济新常态背景下以雾霾防治为研究对象，拓展性地从社会、政府、制度以及经济层面全面探讨了影响我国雾霾污染治理的关键因素及作用机理，借助雾霾污染物产生端的源头控制治理思想和雾霾污染物扩散端的联防联控治理思想，在全面把握雾霾污染治理的理论基础和研究动态的基础上，以我国雾霾污染的现状、形成机理以及关键影响因素为切入点，探讨污染物源头控制模式和跨区域联防联控模式对我国雾霾防治的作用效应，并通过科学设计雾霾防治机制来实现我国雾霾污染有效防治的目的，对我国雾霾污染防治提供了理论支持与决策参考。

本书主要进行了以下四个方面的研究工作：

第一，对我国雾霾污染的发展现状进行了研究。首先，借助泰尔指数对我国雾霾污染强度的地区差异进行测算和分解，研究了我国雾霾污染强度的区域差异现状。其次，构建雾霾污染强度收敛模型对我国雾霾污染强度的地区差异进行收敛性检验，并对全国和三大区域雾霾污染强度的趋同和发散规律进行对比分析。

第二，对经济新常态背景下我国雾霾污染的成因进行了研究。首先，从社会层面研究城镇化对我国雾霾污染治理的影响，聚焦人口城镇化、土地城镇化以及产业城镇化对雾霾污染治理的作用路径。其次，从政府层面讨论环境规制对我国雾霾污染治理的影响，研究环境规制对雾霾污染治理的直接作用以及环境规制通过影响产业结构、能源消耗结构和技术进步水平对雾霾污染治理的间接作用。再次，从制度层面出发，基于我国要素市场扭曲的现状事实，研究要素市场扭曲对雾霾污染的影响及其作用路径。最后，从经济层面考察产业协同集聚和贸易开放对雾霾污染的影响。

第三，对不同雾霾污染防治模式的效应进行了研究。首先，从污染物源头控制视角研究不同的雾霾污染物源头与雾霾污染的因果关系，进而分析污染物源头控制模式对我国雾霾防治的作用效应。其次，从跨区域联防联控视角，通过雾霾污染联防联控机制的构建和跨区域雾霾污染联防联控的博弈分析，逐一展开跨区域联防联控模式对我国雾霾防治的作用效应研究。

第四，对实现我国雾霾防治的政策建议进行了研究。首先，从协调机制、监督机制、保障机制、合作机制入手，对雾霾污染防治进行立体式、综合性的机制设计。其次，对主要发达国家和国内发达城市的雾霾防治经验进行总结和借鉴。最后，结合已有的研究成果，对我国实现新常态下雾霾污染防治的对策措施进行具体研究。

本书具有一定的创新，主要体现在以下几个方面：

第一，基于我国雾霾污染的发展现状，从社会、政府、制度以及经济层面对经济新常态背景下我国雾霾污染的成因以及不同雾霾污染防治模式的效应进行全面分析，拓展了以往的研究范式，具有较大的创新性。

第二，从不同层面对我国雾霾污染的影响因素进行深入探讨，为构建科学有效的雾霾污染防治模式提供经验依据，同时对实现我国雾霾污染防治的机制设计和对策建议进行分析，在研究价值和研究意义上具有很大的创新性。

第三，借助雾霾污染物产生端的源头控制治理思想和雾霾污染物扩散端的联防联控治理思想，探讨我国雾霾防治的有益模式，基于实证研究和博弈分析讨论污染物源头控制模式和跨区域联防联控模式对我国雾霾防治的作用效应，在研究视角上具有独特的创新性。

第四，采用理论分析与实证分析相结合、定性分析与定量分析相结合的方法，综合运用文献阅读法、理论推演法、计量分析法、经验借鉴等多种研究方法，融合经济学、环境学、管理学等多学科的知识，借助 SPSS、EViews、Stata、Matlab 等计量统计软件，在研究方法上具有较大的创新性。

本书以现实问题为导向，提出经济新常态下我国雾霾防治的污染源头控制模式和跨区域联防联控模式，设计经济新常态下我国雾霾防治的机制体系，为我国制定雾霾防治政策提供理论基石和思路借鉴，具有较强的现实指导意义。

在本书的写作过程中，参阅了大量的国内外文献，尽可能地追踪学术前沿，在此深表感谢。尽管作者对本书力求完善，但由于知识修养和学术水平有限，书中难免存在缺陷或错误，恳请学界同仁和读者批评指正，以不断丰富该领域的研究。

目　录

第一章　绪论

一、研究背景

近年来，雾霾天气频发，以影响范围快速扩大、持续时间不断拉长、危害程度逐渐加深为基本特征，雾霾污染逐步成为影响我国居民健康生活和经济可持续发展的重要障碍，而改革开放以来粗放的经济发展方式和落后的环境治理模式是造成我国雾霾污染日益严重的深层次原因。当前，我国经济社会的基本面已经发生了历史性的实质性变化，国际金融危机的大规模刺激导致了世界经济下滑，我国经济告别了两位数的高速增长，下行至6%~7%的速度，进而转入了次高增长阶段，步入增长速度换挡期、结构调整阵痛期和前期刺激政策消化期“三期叠加”的经济社会发展新常态。在经济新常态下，以稳增长、调结构和促改革为特征的新的发展诉求必将导致经济发展方式和环境治理模式产生突破和创新，我国的雾霾防治工作也将进入新的阶段。

雾霾现象自2011年开始被政府重视，并纳入我国空气质量标准；2012年在各大城市展开试点监测，并于2013年收入年度关键词；2015年北京第一次对雾霾发出红色警报。当前，我国许多区域已经多次被大规模且持续时间较长的雾霾天气所笼罩，特别是2016年冬季，连续爆发了五次长时间雾霾，且其范围已从京津冀扩散到东北、陕西甚至南方部分城市。2005~2015年我国30

个省份（港澳台和西藏除外）的 PM2.5 数据显示，近十年来我国各地区雾霾污染程度逐年加重，2013 年冬季爆发全国性严重雾霾污染，各地区 PM2.5 浓度骤升，达到十年来最大值。持续性的大范围雾霾污染表明大气污染排放总量远远超过环境容量，尤其是在京津冀、长三角以及与其毗邻的中东部地区，雾霾污染尤为严重。雾霾围城的现象引起了公众的广泛关注，与此同时，心脑血管疾病、肺癌等不断攀升的发病率更增加了公众对雾霾天气的恐慌。为此，自 2013 年出现大范围的雾霾污染以来，京津冀及其周边地区在国务院的主导下成立了大气污染防治领导小组，以此推进雾霾污染联防联控，跨区域进行府际合作和协同防治大气污染。同时，国务院颁布《大气污染防治行动计划》（以下简称“大气十条”），将环境质量纳入官员考核体系，并要求到 2017 年全国地级及以上城市可吸入颗粒物浓度比 2012 年下降至少 10%。2015 年，修订后的《环境保护法》正式实施，以法律形式敦促社会各界不断强化雾霾治理举措。在 2016 年 G20 杭州峰会召开期间，大气污染治理成为与会国热论的焦点。2017 年 3 月，李克强总理在《政府工作报告》中再次强调要对雾霾形成原因及其防治机制进行研究，组织相关学科优秀人才，投入科研资金，对有关难题进行重点攻克。我国竭力促成大气污染防治工作，凸显出我国不断深化雾霾污染防治的决心。

长久以来，粗放型生产活动带来的外部效应对生态环境造成了巨大的压力，空气质量的恶化给人们的美好生活带来了巨大的冲击。空气质量的下降，不仅威胁到人类的生命健康，还会带来铁路系统、供电系统以及农作物的生长发育等一系列生态环境问题。如今我国还有超过 60%的地区在大量使用煤炭，仅仅这一项就能造成重大污染，还不包括各种工业污染、汽车、香烟等，可见雾霾污染的产生是多种因素综合作用的结果，学术界普遍认为，人类“不健康”的生产方式是造成雾霾问题的根本原因。随着我国经济迈入新常态，我国经济由高速增长向中高速增长阶段转变，经济的可持续与高质量发展将会是人民对美好生活的最终诉求。

雾霾污染的有效防治是经济社会可持续发展的基础和前提，保护大气环境是经济新常态下环境观与经济观的完美结合。资源、环境压力的加剧以及消费

者环保意识的增强，促进了我国各地区节能减排行动的展开，使我国经济结构向绿色化转变。国务院“大气十条”的发布带动数以亿计的大气治理投资。在中央政府的带动下，各省市也积极出台了与大气污染物治理相关的措施，完成中央下发的PM2.5环保指标，减少雾霾污染。2017年3月环保部公布的官方数据显示，2016年京津冀、长三角和珠三角的PM2.5浓度相比2013年下降了30%以上。同时，经济新常态下我国产业结构优化升级，绿色技术创新发展也为雾霾治理带来新的动力。由PM2.5数据可知，2013年达到峰值以后，我国各地区的PM2.5在近几年皆有了显著下降。据环保部统计，2016年全国PM2.5平均浓度同比下降6个百分点，平均优良天数比例同比上升2.1个百分点。从2015~2016年31个省份PM2.5日均值浓度来看，空气质量总体向好，重度及以上污染天数占比减少，优良天数比例明显上升。上述数据表明我国目前在雾霾污染防治方面取得一定的成效，全国雾霾污染程度有所降低。尽管如此，雾霾天气频繁发生的源头并没有被根治，雾霾对社会稳定、经济发展以及人类健康的威胁仍然存在。经济新常态下的经济结构调整面临阵痛，高耗能高污染的钢铁、煤炭等传统支柱产业尾大不掉，导致我国雾霾防治措施的效果难以完全发挥，治理进程缓慢。我国有关治霾的政策法律以及机制体制仍有待完善。

因此，在当今经济新常态的发展背景下探索雾霾防治模式已刻不容缓，这不仅是实现人民对日益增长的美好生活需要的重要抓手，更是探索我国可持续发展的内在需求。值得注意的是，我国雾霾污染强度在空间上分布不均衡，地区差异显著。各区域历年的PM2.5浓度值呈现逐年增长态势，且中部地区PM2.5浓度值占全国比重均高于东部、西部地区，这与区域间的市场分割、产业结构失衡以及不合理的绩效考核标准有密切的联系。“一刀切”的雾霾防治模式欠缺合理性，不利于建立科学合理的区域间雾霾防治协调机制。

二、研究意义

打赢蓝天保卫战是建设美丽中国的重要任务，是破解新时代主要矛盾的重要抓手，是倒逼增长动力转换、发展方式转变、经济结构优化的重要途径。雾霾污染防治，不仅是打赢蓝天保卫战的有力支撑，也是推动国家治理方式实现历史性变革的重要契机。随着雾霾问题的出现，实现雾霾污染防治逐渐成为各个国家、地区乃至产业部门的重要任务之一，构建雾霾污染防治模式，讨论雾霾防治的机制问题已成为多方关注的热点话题。本书在经济新常态背景下以雾霾防治为研究对象，通过科学设计雾霾防治机制来实现我国雾霾污染有效防治的目的，对实现经济新常态下环境与经济的“双重红利”具有较强的理论和现实指导意义。

（1）本书丰富和发展了有关雾霾防治模式和机制的研究内容和研究方法。本书以我国雾霾污染的现状、形成机理以及关键影响因素为切入点，突破表层防治模式和单区域防治模式，尝试从我国雾霾污染物的产生源头出发，突破行政地域界线，构建跨区域防治合作平台，丰富雾霾防治的研究内容；本书还将基于定性分析，充分结合定量分析方法，构建多学科知识融合创新的综合研究体系，对拓展雾霾防治的研究方法具有重要的理论与现实意义。

（2）本书为我国实现雾霾防治的路径选择提供了理论指导和思路借鉴。本书以现实问题为导向，紧紧围绕如何实现经济新常态下我国雾霾污染的有效防治这一中心命题展开，提出经济新常态下我国雾霾防治的污染源头控制模式和跨区域联防联控模式，设计经济新常态下我国雾霾防治的机制体系，为我国制定雾霾防治政策提供理论指导和思路借鉴。

（3）本书为我国选择环境保护和经济增长双赢的发展道路提供了支撑。本书以经济新常态下我国雾霾防治为研究对象，尝试从转变能源利用方式、无公害处理垃圾废物、优化产业发展、改善交通运输体系以及实施区域间联合治理等层面来实现雾霾污染的有效防治和经济发展的转型升级，为我国选择环境保护和经济增长双赢的发展道路提供支撑，具有重要的研究价值和意义。

三、创新之处、突出特色与主要建树

本书的创新之处主要体现在以下四个方面：

（1）对我国雾霾的影响因素进行了多角度的全面分析，为研究我国雾霾污染防治做好扎实的实践准备。首先从雾霾污染的区域差异视角全面把握我国雾霾污染的发展现状，并对我国雾霾污染的收敛性进行检验。其次基于我国雾霾污染的发展现状，拓展性地从社会、政府、制度以及经济层面全面探讨了影响我国雾霾污染治理的关键因素，为构建雾霾防治模式提供思路。

（2）突破表层防治模式，从源头出发提出了经济新常态下的污染物源头控制模式。雾霾污染防治是经济新常态下实现经济社会可持续发展的内在要求，然而，鲜有学者在污染物源头控制视角下对我国雾霾防治效应进行研究。本书着重考虑社会、政府、制度以及经济方面的因素对雾霾污染的影响，深入挖掘导致我国雾霾污染日益严重的污染物产生源头，借助源头控制防治思想，突破表层防治模式，提出经济新常态下我国雾霾污染物源头控制防治模式。

（3）突破行政地域界线，从区域合作角度提出了经济新常态下的跨区域联防联控模式。雾霾污染具有典型的外部性特征，雾霾产生以后不但会危害当地生态环境，还会随空气载体扩散到其他地区，从而产生跨界污染。因此，雾霾污染综合治理不能各自为政，在控制本地区污染源排放的同时，必须打破行政区划桎梏，构建跨区域联防联控机制，协作治理区域雾霾污染。本书基于博弈理论模型，分析地方政府的策略选择和影响因素，深入研究联防联控的关键合作机制。

（4）针对经济新常态下的实质性变化，设计科学合理的雾霾防治机制，提出了切实可行的对策建议。本书深入分析经济新常态发展阶段我国经济社会基本面已经或正在发生的一系列全局性、长期性的新现象、新变化和新特征，结合本书的分析结论，构建科学合理的雾霾防治机制，提出切实可行的对策建议。

本书的突出特色主要体现在以下两个方面：

第一，在全面把握雾霾污染成因以及雾霾污染防治理论基础的前提下，侧重于从社会、政府、制度、经济等多个层面对我国雾霾污染的影响因素进行实证分析，将理论应用于实践，重视理论的实用性是本书的突出特色之一。

第二，依据不同层面上影响雾霾污染的关键因素的研究结论，结合我国不同雾霾防治模式的效应分析与发达国家和地区的先进经验借鉴，提出了我国雾霾防治的政策措施。政策建议的科学性、针对性和全面性是本书的另一个突出特色。

本书的主要建树体现在以下四个方面：

第一，梳理了国内外关于雾霾污染成因及雾霾污染防治的研究文献，全面把握雾霾污染治理的理论基础和研究动态，为研究经济新常态下我国雾霾污染防治模式及机制奠定了坚实的理论基础。

第二，通过宏观数据分析，从社会、政府、制度、经济等多个层面全面探讨了影响我国雾霾污染治理的关键因素，全面分析我国雾霾污染的影响因素。

第三，着重考虑社会、政府、制度以及经济方面的因素对雾霾污染的影响，深入挖掘导致我国雾霾污染日益严重的污染物产生源头，借助源头控制防治思想，突破表层防治模式，提出经济新常态下我国雾霾污染物源头控制防治模式。同时，基于博弈理论模型，分析地方政府的策略选择和影响因素，深入研究联防联控的关键合作机制，突破行政地域界线，从区域合作提出经济新常态下的跨区域联防联控模式，为我国雾霾防治模式提供了崭新的工作思路。

第四，从雾霾防治机制设计、国内外治霾的经验借鉴等角度，明确了未来我国实施雾霾防治的思路和模式，针对性地提出了经济新常态下我国雾霾防治的政策建议，对我国雾霾污染防治提供理论支持与决策参考。

四、结构安排

本书立足我国雾霾污染现状，紧紧围绕如何构建经济新常态下我国雾霾防

治模式与机制这一中心命题展开。按照“提出问题—分析问题—解决问题”的研究思路，首先基于国内外有关雾霾污染防治问题的研究梳理和评价，聚焦本书的主要问题；其次对我国雾霾污染强度的发展现状进行考察；再次从社会、政府、制度以及经济层面对经济新常态背景下我国雾霾污染的影响因素进行研究，并对不同的雾霾污染防治模式进行效应分析；最后提出实现我国雾霾防治的对策建议。本书的技术路线如图 1-1 所示。

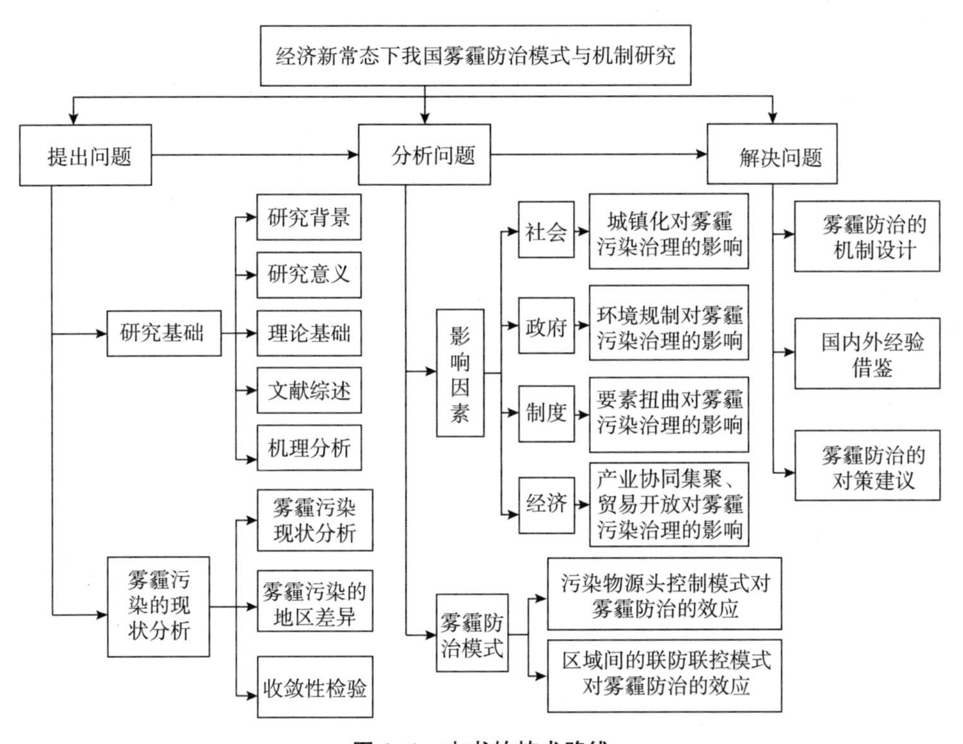

图 1-1　本书的技术路线

基于以上的研究思路和技术路线，本书共分十一章对经济新常态下我国雾霾防治模式与机制进行研究：

第一章为绪论，主要包括研究背景、研究意义、创新之处与结构安排。

第二章为雾霾防治研究的理论基础，通过对国内外有关雾霾污染防治问题的研究文献和政策文献进行梳理和评价，全面把握雾霾污染产生的理论基础、雾霾防治模式的理论基础、相关文献的综述与评价、雾霾污染影响因素以及雾霾污染防治的机理分析等理论脉络，为整个课题研究的展开奠定坚实的理论基础。

第三章为我国雾霾污染强度的地区差异与收敛性研究，通过宏观数据分析，从雾霾污染的区域差异视角全面把握我国雾霾污染的发展现状，并对我国雾霾污染强度的地区差异进行收敛性检验，为研究我国雾霾污染防治做好扎实的实践准备。

第四章为城镇化对我国雾霾污染治理的影响研究，主要讨论不同的城镇化效应即人口城镇化、土地城镇化以及产业城镇化对雾霾污染治理的作用路径。

第五章为环境规制对我国雾霾污染治理的影响研究，主要包括环境规制对雾霾污染治理的直接作用，环境规制通过影响产业结构、能源消耗结构和技术进步水平对雾霾污染治理的间接作用，环境规制对雾霾治理影响的区域异质性等内容。

第六章为要素市场扭曲对我国雾霾污染防治的影响研究，主要包括对我国要素市场的扭曲程度进行测算、我国要素市场扭曲的现状分析以及要素市场扭曲对雾霾污染的影响及其作用路径等内容。

第七章为产业协同集聚、贸易开放对我国雾霾污染的影响研究，分别从产业协同集聚和贸易开放视角研究两者对雾霾污染的影响，主要包括产业协同集聚对雾霾污染的影响、贸易开放对雾霾污染的影响以及两者对雾霾污染的非线性影响等内容。

第八章为污染物源头控制模式对我国雾霾防治的效应研究，主要讨论雾霾污染物源头与雾霾污染的因果关系，研究实现我国雾霾防治的根本途径等内容。

第九章为跨区域联防联控模式对我国雾霾防治的效应研究，从雾霾污染联防联控机制的构建和跨区域雾霾污染联防联控博弈分析逐一展开跨区域联防联控模式对我国雾霾防治的效应研究。

第十章为经济新常态下我国雾霾污染防治的对策建议研究，主要包括雾霾防治的机制设计、国内外经验借鉴以及实现我国雾霾污染防治的对策建议等内

容。首先，从协调机制、监督机制、保障机制和合作机制入手，对雾霾污染防治进行立体式、综合性的机制设计。其次，对主要发达国家和国内发达城市的雾霾防治经验进行总结和借鉴。最后，结合已有的研究成果，对我国实现新常态下雾霾污染防治的对策措施进行具体研究。

第十一章为结论与展望。

第二章　雾霾防治研究的理论基础

一、雾霾污染产生的理论基础

（一）库兹涅茨曲线效应

著名经济学家库兹涅茨在研究经济增长与国民收入分配关系时，发现二者的关系为倒“U”形的曲线关系，后来该曲线被命名为库兹涅茨曲线。Grossman 和 Krueger（1991）是最早研究环境污染与经济增长关系的学者，他们于 1991 年在研究人均收入与空气污染因素的关系时，发现环境污染随着人均收入的增加会趋于严重，当人均收入达到一定程度后，环境污染随着人均收入的增加而减少，即经济增长与环境污染物的排放呈倒“U”形曲线关系，1993 年，Panayoutou 将其称为“环境库兹涅茨曲线”（EKC）。

世界上大多数发达国家在工业革命之后都遵循着“先污染后治理”这一发展模式，环境库兹涅茨曲线为该增长模式提供了一定的理论基础，因此，长久以来经济的增长都以牺牲环境质量作为代价。环境库兹涅茨曲线形成的具体原因可从三个方面进行解释：首先，经济增长需要资本的长期投入，当经济发展水平不高时，经济的增长主要依赖投资驱动，以资源的“粗放型”消耗为主，由此带来产业结构失衡、资源错配、产能过剩等问题，进而导致“无规

制”下环境污染排放的不断增加。其次，随着经济发展水平的提升，同时伴随着资源的枯竭，技术革新开始改变现有资源的使用行为，资源利用效率得以提高，并且原有的资源密集型产业不断向低污染产业过渡，产业结构不断升级优化，环境质量在这一转变过程中得到有效改善。最后，经济累积发展引起的产业集聚带来规模效应的好处，助力环境污染治理的集中处理，进而对环境质量产生了正面作用。

（二）雾霾的外部不经济

经济学概念上的雾霾其实属于外部不经济的范畴，即由于经济主体的不恰当使用行为导致空气遭受污染，空气质量随之下降，但使用主体并没有为此付出成本。换言之，使用者本身所付出的成本并不能够弥补雾霾的治理成本，这种负外部性也是导致其他经济主体蒙受损失的主要原因。科斯定理提供了解决外部不经济的方法，即通过明确产权的方式，使外部不经济在市场竞争中自行解决。但在经济的实际运行中，这种调节方式是完全失灵的，主要原因是：首先，科斯定理的前提在于明确产权，由于空气这一特殊的产品难以界定产权，使通过市场机制解决雾霾现象成为空谈。其次，公共物品中最常出现的免费乘车者现象在空气中得以体现，大多数使用者希望从良好的空气质量中受益，但并不愿意为了实现良好的空气质量而付出成本，因此污染行为有增无减。再次，信息不对称的现象使得污染行为无法完全杜绝。污染者将其污染行为隐藏，因此遭受损失的受害者缺乏相关组织来进行集体行动。如果单个受害者对污染行为进行法律索赔，所支付的成本往往比遭受的损失更为严重，因此受害者的索赔积极性一直难以提高。最后，经济人的理性行为有限，大多数人对雾霾的危害认识不够，因此应对雾霾天气及治理的动力不足，主观能动性不足，为了眼前的利益选择以污染环境为代价寻求自身利益的最大化。

二、雾霾防治模式的理论基础

（一）公共物品理论

公共物品最精练的定义来自萨缪尔森，他将公共物品定义为“每个人对这样物品的消费不影响其他人对这样物品的消费”。基于这一精练的定义，公共物品具有最主要的两种属性，即非排他性和非竞争性。因此，大气被视为公共物品正是因为它具有如下特征：一是非竞争性。如果将大气看作一种商品，其竞争性完全可以忽略不计。任何只要没有超过生态环境容量的使用都不会影响到其他个体对于大气的使用。与之相对的则是，一旦超过这一阈值，大气的私人物品特征就彰显出来。二是非排他性。任何使用大气的个人或组织完全不需要付出任何成本即可使用。从排他性角度考虑，由于其不存在产权界定，所以大气是完全的公共物品。也正是基于大气的这两种属性，任何个人或组织都倾向于让他人承担使用成本，自己仅享受收益。

新古典经济理论认为，政府出现的最关键原因之一在于公共物品的分配不合理。在环境保护这一方面，市场中最有效调节供给的“看不见的手”——价格机制处于几乎完全失灵的状态。公共物品供给成本这一天然存在的利益冲突对任何使用者的分摊都不合理，因此需要采取强制的行政手段。但在信息不对称及利益分配方面，委托—代理问题随之出现。政府作为环境规制的提供者，既是不可或缺的又是必要不充分条件，因此，应当在提供环境规制的同时辅以其他强制性措施。总体而言，特殊公共物品及大气本身存在的极高的负外部性，辅以市场失灵、成本配置不合理的情况，正是政府可以制定并执行环保措施的合理空间。

（二）协同治理理论

20 世纪 70 年代，德国物理学家哈肯基于系统要素与子系统之间相互配合的关系创立了协同学，这一学说对如何解决社会问题提出了一定的设想。该理论认为，如果在这一社会问题中，政府、公众、企业等主体存在相同的利益和目标，那么在完善的法律法规的约束条件下，建立合作机制变为可能，各主体甚至可以共同发挥作用，最终解决这一社会问题。

从主体合作这一角度考虑，可以分为政府内部的协同、政府科研单位与企业组织的协同、政府间的协同、政府与社会公众的协同、政府与教育科研单位的协同、企业组织与社会公众的协同、教育科研单位与社会公众的协同等多个方面。从工作流程方面考虑，每项工作的完成都需要不同部门或组织之间共同发挥各自的作用和功能，这要求各个部门及组织积极沟通，建立信息流通和总体指挥的渠道，确保工作能够顺利高效圆满地完成。

为保证共同目标的实现，协同治理一般需要符合一定的条件：一是不同的社会主体或组织之间必须要有相同的目标，并且每个主体都能从中受益。一般而言，每个社会主体由于社会分工的不同，正常的工作流程可能会存在目标上的差异，甚至出现利益相互冲突的情况。但如果存在相同的组织目标或者利益，协同治理就能够从这一总体目标出发，将各个社会主体进行有机融合和集聚，最终形成整个社会大众认同的公共目标，实现社会效益的改进。二是多主体并不是指政府内部多部门这一唯一的主体。在当前社会，随着民主制度的日臻完善，普通民众参与社会公共管理的主人公意识加强，甚至企业、教育、科研等单位也开始积极参与公共问题的解决，在政府不能独当一面的部分加以指引，各个主体完全可以做到协同参与，共同解决，最终实现解决共同的问题这一组织目标。三是各主体之间须建立完善的合作机制。与传统的公共治理方式大为不同的是，协同治理这一新型模式更加注重各主体之间的相互配合。为了高效率地达到最终目标，在这一完善的合作机制中政府更加应该起到引导作用，发挥各主体的主观能动性，最终达到共同目的。

基于我国现有国情，从权力制度上考量，我国各级地方政府是协同治理制度的重要组成环节，统一由中央进行管理。中央与地方政府从上到下形成了垂直的管理与被管理的关系。从政府职能方面考虑，政府基本承担了所在地区集经济、政治、文教、科技、环保等于一体的公共职能，在其形成区划内部具有相当大的决策权。但随着经济社会的发展，区域一体化成为未来公共治理的一大趋势。大多数公共事务完全突破了传统的行政区划，从事前预防、事中反馈、事后控制等多个方面都牵扯到横向与纵向的多个政府层级。在这样的国情背景下，各级政府为了共同的利益或目标开展协同治理具有高度的可行性。以发生频率高、影响范围广、治理难度大、出现常态化为主要特征的雾霾污染已经成为人们心中的公害，是政府防治的重要对象，基于此，从多主体协同治理的角度探索治霾政策具有坚实的理论基础。

三、相关文献综述与评价

（一）有关雾霾污染成因的研究

随着我国城市雾霾现象日益频发，雾霾污染问题得到了政府部门和学术界的高度关注，国内外学者对我国雾霾污染研究进入探索阶段。关于雾霾污染的成因问题，多数学者首先是从自然科学角度（Nicole，2009；Hand 和 Malm，2007；Hongbo 和 Jianmin，2014；Lingyan 等，2017；Huiming 等，2017；Bing 等，2017）探讨雾霾污染的成因。近年来，部分学者开始从社会科学的角度来探究形成雾霾污染的制度性原因，这类研究起步于利用定性分析，着重探讨雾霾防治的制度、策略和手段（白洋、刘晓源，2013；Hand 等，2014；曾世宏等，2015；龚勤林等，2014；Joachim 等，2009；Richard 和 Robert，2013）。雾霾成因方面，Hosseini 和 Rahbar（2011）研究指出，CO_2 和 PM10 在亚洲地区具有显著的空间溢出效应，污染物的空间扩散也是雾霾形成的重要诱因。Tao 等（2014）对中国北部地区雾霾形成过程进行观测，研究结果显示，异常的天气条件加剧了区域雾霾污染程度。陈开琦和杨红梅（2015）认为市场经济体制尚未摆脱传统经济体制的反生态缺陷，粗放型的经济发展方式是引起当前雾霾污染天气的根源。何小钢（2015）指出，传统经济体制向市场经济体制过渡过程中形成的产业结构和城市结构扭曲，加之能源消费结构固化的影响，直接诱发了中国中、东部地区大面积雾霾污染的现象。吴建南等（2016）

以中国 2014 年城市 PM2.5 监测站的数据为研究样本，从经济发展和公共治理层面探析了 PM2.5 的成因，指出经济结构失调是形成雾霾天气的内因，建筑扬尘、能源结构、机动车尾气是形成雾霾天气的外因。

尽管在雾霾成因方面现有的研究成果较为丰硕，但仍存在可以进一步突破的空间。首先，现有针对雾霾污染进行定量分析的文献还不够深入，加入控制变量探究其成因的文献更不多见。其次，对雾霾污染的现有研究主要集中在全国、省域、城市等宏观层面，从区域差异角度对雾霾污染进行定量测算，剖析其时空差异及其影响因素的研究相对缺乏。基于此，本书对我国各省份雾霾污染间的地区差异进行分解，从而科学地把握我国雾霾污染的现状。

（二）有关雾霾污染的影响因素研究

1. 结构转型与雾霾污染

明晰雾霾污染的影响因素是打好蓝天保卫战的基础。国内外学者就雾霾污染的影响因素问题取得了丰富的研究成果。首先，关于结构转型对雾霾污染的影响，Huang Ru-Jin 等（2014）研究指出，削减化石燃料的燃烧量有助于减少主要颗粒物排放量，降低雾霾污染造成的经济危害。马丽梅和张晓（2014）研究发现，雾霾污染在省域空间上存在交互作用，剖析了经济结构和能源结构对雾霾污染的影响机理，并指出调整产业结构和能源消费结构对雾霾治理具有立竿见影的效果。魏巍贤和马喜立（2015）在单一情景的基础上，对能源结构调整、技术进步与雾霾治理进行了复合情景模拟分析，找出了雾霾治理目标约束下对经济发展影响最小的政策组合。其次，结构转型中伴随的能源利用效率问题对雾霾污染的影响也同样引起了学术界的关注。Lindmark（2002）认为，技术进步有助于提升资源的利用效率，对降低污染物排放具有立竿见影的效果。任保平和段雨晨（2014）认为，提高既有煤炭资源的利用效率，加快煤炭加工技术的转型升级，用清洁能源替代煤炭是治理城市雾霾的关键。冯博和王雪青（2015）将雾霾指数作为非期望产出纳入能源效率研究中，借助 SBM 模型测度了京津冀地区 2003~2012 年的能源效率，结果显示纳入雾霾效应后，京津冀城市群的能源效率均有所下降。戴小文等（2016）以成都市为研究对象，结果显示能源强度与雾霾当量排放强度呈现显著的同向变化，指出能源效率的提升可以减少温室气体的排放。

2. 产业集聚与雾霾污染

在产业集聚对环境污染的影响方面，学术界的研究结论还未达成共识，部分学者认为产业集聚恶化了环境质量，如 Ottaviano 等（2002）指出在技术瓶颈难以突破的情形下，产业的过度集聚非但不能改善环境质量，反而会恶化环境质量，增加环境治理成本。Ren 等（2003）以上海市为例，指出产业集聚加剧了土地资源的开发，对水体质量产生了一定的污染。相反，部分学者则认为产业集聚改善了环境质量，如 Zeng 等（2009）研究发现制造业集聚在一定程度上可以降低污染天堂效应。另外，也有部分学者认为产业集聚对环境污染的影响存在一定的门槛，如齐亚伟（2015）、原毅军等（2015）研究发现产业集聚水平高于门槛临界值时，产业集聚对环境污染存在积极作用。具体到产业集聚对雾霾污染的影响研究，东童童（2015）将工业集聚分解为工业劳动集聚、工业资本集聚和工业产业集聚来具体分析工业集聚对雾霾污染的影响，研究表明工业产业集聚有利于降低雾霾污染，而工业劳动集聚和工业资本集聚会加剧污染。梁伟等（2017）通过研究人口、工业、经济等不同类型的集聚对雾霾污染的影响作用，指出雾霾防治的根本在于转变经济发展方式，优化消费结构，加快实现产业转型升级。罗能生和李建明（2018）从产业空间布局的视角出发，实证检验了专业化和多样化的产业集聚与交通运输互动对雾霾溢出的影响，结果表明产业专业化集聚通过加大交通运输压力引起的雾霾区域传输效应对大中小城市均作用显著，多样化集聚仅对中小城市作用显著，而对大城市表现出促进减排的负向溢出效应。

3. 城镇化与雾霾污染

城市是雾霾污染发生的主阵地，而快速的城镇化进程所产生的副产品是当前我国雾霾污染频繁爆发的核心所在，因此，合理管控二者关系是实现有效控制雾霾污染的必由之路。在关于探讨城镇化建设如何影响环境污染的研究中，有学者认为城镇化加剧了我国的环境污染（王会等，2011）；另一些学者着眼于不同的污染物，分类考察环境污染与城镇化的关系（李水平等，2014）。豆

建民等（2015）从经济依赖性的视角，运用空间计量模型，发现经济集聚的空间依赖会对临界点产生影响，增强城市间的空间关联同样可降低单位产出的污染排放强度。然而，具体到城镇化与雾霾污染关系的研究尚不多见，其中刘伯龙等（2015）利用省级动态面板数据，研究了城镇化对雾霾污染的影响，发现城镇化每推进 1 个百分点，雾霾污染的浓度将会增加 0.029 个百分点；童玉芬等（2015）从人口城市化的视角探讨其对雾霾污染的影响，结果表明城市人口的增长加剧雾霾污染，同时雾霾污染也会影响城市人口的空间分布；秦蒙等（2016）探讨了城市蔓延对雾霾污染的影响，发现城市蔓延会提高雾霾浓度，并且城市蔓延与雾霾浓度的正向关联性会随着城市规模的增加而减弱，即小城市的空间蔓延会造成更为严重的雾霾污染。

4. 环境规制与雾霾污染

国内外学者较多关注环境规制效果的研究，但由于样本选择和研究视角的不同，所得结论并不统一。其中 Poul Schou（2002）认为环境规制措施是多余的；Lucas W. Davis（2008）以墨西哥市政府引进一个项目作为研究背景，发现并没有充分的证据表明限制措施可以改善空气质量；Paulina Oliva（2015）又以墨西哥市的汽车尾气排放作为案例，研究了环境规制与腐败之间的关系，发现由于作弊和腐败的成本较低，环境规制的效果较为有限。近年来，我国学者开始围绕环境规制的作用效果和影响效应进行分析，史青（2013）发现环境规制对环境污染程度的影响和当地政府廉洁度有着较强的关联性；而包群等（2013）认为通过环保立法并不能显著地抑制污染排放，揭示了执法力度对环境规制效果的关键作用；张华（2014）以碳排放绩效为研究对象，发现环境规制与碳排放绩效之间呈显著的倒“U”形关系，环境规制对碳排放绩效有一定的区间效应；李斌（2015）以中国式分权为视角，发现低水平的环境规制会通过刺激土地财政的规模扩张而加剧当地的污染效应；余长林等（2015）发现环境规制对环境污染存在两种相反的效应，这是由于隐性经济的存在及其影响，从而得出了环境规制对环境质量的改善并没有显著影响的结论。

综上所述，首先，以往文献基于不同的样本和视角对影响我国雾霾污染的因素和机制进行了卓有成效的探索，然而现有相关研究偏重于产业集聚与环境污染以及雾霾的治理措施方面，产业集聚对雾霾污染的影响机制研究尚待拓展和完善。其次，以往研究产业集聚大多集中在工业集聚、制造业集聚、服务业集聚，对生产性服务业与制造业协同集聚的研究还不多见。目前，已有研究以我国雾霾污染问题为核心，对城镇化作用于雾霾污染的机制与路径的把握深度和广度均显不足，且在研究城镇化对环境污染影响的实证分析中皆忽略了城镇化的系统性和复杂性，仅简单地从人口结构变化的视角来刻画城镇化率，没有树立起立体性和多维度的思维，因而不能系统性地准确理解和把握城镇化的内涵，进而也不能真正厘清城镇化对雾霾污染治理的作用机制与路径。已有研究对“环境规制治理雾霾污染的机制是什么”“从环境规制出发，实现雾霾治理的路径是什么”等问题尚未给出答案，这是本书将要着力解决的又一重要问题。因此，本书将从城镇化、产业集聚以及环境规制等多重视角来全面考察雾霾污染治理的影响因素，改变以往多数研究只关注其中一个方面的单向性研究思路，并为本书的机制研究寻找解决问题的突破口。

（三）有关雾霾防治模式的研究

1. 有关雾霾防治的研究

雾霾污染的有效防治是经济社会可持续发展的基础和前提，保护大气环境是经济新常态下环境观与经济观的完美结合。当前国内外对雾霾治理的研究尚处于起步阶段，治理的理论与实践尚不成熟。在有关雾霾防治的研究中，从政府视角来看，Amy L. Stuart（2009）、周景坤（2016）、马海涛和师玉朋（2016）等认为在雾霾防治中，政府需起主导作用，发布相应政策并采取行之有效的措施。白洋和刘晓源（2013）认为，我国与雾霾治理相关的法律从其本身到执行方面都存在问题，治理雾霾需要运用制度体系对其进行有效防治。企业在生产过程中由于直接接触并使用资源，或多或少会对大气环境产生影响，是产生大气污染物的主体来源，由此任保平和段雨辰（2015）、Lv C. 等（2016）从改变企业生产方式，提高能源利用率和污染物治理率等方面提出建议。在公众方面，Forsyth T.（2014）、汤璇和夏方舟（2016）、张生玲和李跃（2016）认为公众对环境问题的关注会影响相应政策及对责任的感知，需采取

激励和动员措施，发动公众治霾的积极性。在雾霾产生源头层面，魏嘉等（2014）认为产生雾霾的源头是气溶胶排入大气，所以要实现对固定源、移动源和面源三个源头的有效防治。同时雾霾的治理应当从源头上采取措施以防止污染物的形成。判断雾霾污染物源头的关键是采用科学合理的源解析方法。我国学者对多数重点城市的大气颗粒物来源行进了源解析工作，为从源头防治雾霾找到了新的思路和方法。源解析结果显示，大多数城市的 PM2.5 主要来源于燃煤、交通源和工业源。韩力慧等（2016）对北京 PM2.5 的主要来源进行解析，发现其主要来自机动车排放、燃煤、地面扬尘和工业排放，贡献率分别为 37.6%、30.7%、16.6%和 15.1%。Zhang X. 等（2015）对合肥夏季和秋季的雾霾发作进行了评估，确定了三种典型霾来源：生物质燃烧、人为的工业和交通排放。程念亮等（2014）梳理了大量颗粒物来源解析文献，总结出我国重点城市雾霾污染物的主要来源有燃煤、工业源和机动车尾气排放。

2. *有关区域联防联控的研究*

考虑到多数污染物具有扩散性，不少国内外学者就环境污染的空间效应开展了研究，为雾霾污染的区域联防联控治理模式奠定基础。Maddison（2007）以 SO_2 和氮氧化物等污染物作为环境质量衡量指标，验证了国与国之间的污染以及治理都存在溢出效应。Hossein 和 Kaneko（2013）利用 129 个国家 1980~2007 年的面板数据证实了国家间存在大气污染的空间外溢性。由于环境污染和治理涉及多个经济主体，各方参与者不可避免地面临博弈局面。李胜和陈晓春（2011）分析了中央政府和地方政府的信号传递博弈、流域上下游地方政府之间的污染治理博弈行为，认为中央政府需要提高监督和惩治水平，行政区之间需要建立流域合作治理机制。张学刚和钟茂初（2011）在博弈模型中引入环境污染给政府和企业带来的政治成本与声誉成本，分析政府环境监管与企业污染治理的互动决策，指出减少政府的污染收益、降低政府监管成本、增加企业污染处罚等有利于改善环境质量。臧传琴等（2012）提出信息不对称条件下，政府与排污企业的博弈结果是政府环境规制效用的降低，因此政府需要鼓励污染企业公开信息，提高监察监督效率。吴瑞明等（2013）建立了忽略污染的循环经济环境下，上游排污群体、政府监管方和下游受害群体参与的流域污染治理演化博弈模型，研究表明，上游群体的策略选择取决于政府决策，因而政府行为决定了环境质量。张伟等（2014）采用演化博弈理论建立了企业与政府间博弈的复制动态方程，得出不同情形下企业和政府博弈的稳定策略，指出企业违规行为主要受违规惩罚力度、第三方监管力度以及政府监管成功率的影响。薛俭等（2014）建立了京津冀大气污染治理省际合作博弈模型，运用区域优化模型和 Shapley 值法计算了各省份最优去除量、去除成本及合作收益分配方案。

也有学者针对环境污染跨界治理开展研究。汪小勇等（2012）以美国大气跨界污染治理为例，从机构设置、职能职责和运作方式三个方面分析了州内、州与州之间以及跨国界三种跨界大气环境监管体系，对我国的跨区域大气环境管理工作提出了建议。宁淼等（2012）总结分析了欧盟、美国与中国的区域大气污染联防联控管理模式，指出区域环境协商是现阶段适用于我国区域空气质量管理的最佳模式。汪伟全（2014）针对北京大气污染治理合作，总结出利益协调不畅、碎片化和单中心治理等问题，提出府际合作、市场调节和网络治理三种空气污染跨域治理模式。Lee 等（2016）认为由于雾霾污染具有跨区域性质，在雾霾治理上更需采用区域联防联控模式。邵帅等（2016）在同时考虑雾霾污染的时间滞后效应、空间滞后效应和时空滞后效应的条件下，对影响雾霾污染的关键因素进行了经验识别，认为雾霾频发的根本原因在于促增因素没有得到有效抑制、促降因素没有得到有效发挥，并提出治霾政策必须坚持常抓不懈、联防联控和惩一儆百的实施策略。李欣等（2017）在空间视角下考察城市化对区域雾霾污染的影响，研究指出，长三角区域雾霾污染存在显著的正向空间溢出效应，周边地区雾霾污染加重将加剧本地区雾霾污染，城市化推进是长三角地区雾霾污染加剧的重要原因，由此提出加强区域联防联控和城市间的协同发展等政策建议。刘华军和雷名雨（2018）指出，雾霾污染具有较强的空间溢出性和空间关联性，依靠单边治霾和局部治霾难以从整体上、根本上解决区域性雾霾污染问题，并提出需要解决区域边界设定、区域协同治理机制和协同防控政策三个突出问题。

综上所述，上述文献为本书的深入研究奠定了基础，可以发现，首先，现有研究中鲜有学者在污染物源头控制视角下对我国雾霾防治效应进行研究；其次，具体到雾霾防治模式的研究较少。因此，本书将重点剖析污染物源头控制对雾霾污染防治的作用机理，并从区域联防联控的视角探讨雾霾防治模式，进而为明确雾霾防治重点和制定防治模式提供科学依据。

四、雾霾污染影响因素的机理分析

（一）基于城镇化视角的解释

1. 人口城镇化对雾霾污染的作用机理分析

首先，新型城镇化是以人为本的城镇化，城市是社会分工和生产力发展的产物，城镇化进程最显著的表现特征就是人口向城镇的大量集中，城镇人口数量的增加会提升社会总需求水平。进一步地，伴随着人口城镇化率的提高，要素集聚所产生的收益在城市区域被急剧放大，造成产品的生产端和消费端又继续向城市区域集中，这种累计循环机制导致城市人口迅速膨胀，大量人口在一定区域的聚集又将会创造出很多需求，孵化出很多产业，进而显著增加各种化石能源的消耗量，加剧环境污染和雾霾的发生。

其次，人口城镇化对雾霾污染治理还存在间接效应，城镇化以城镇人口的增加为首要特征，伴随着城镇化的加速，城镇人口规模急速膨胀。一方面城镇新增人口对城市基础设施和住房市场存在刚性需求；另一方面城镇现有人口对改善性住房和投资性住房的需求，在短期内也会促进基础设施建设和房地产市场的集中性和爆发性增长，而由于各种道路交通、建筑和市政施工所形成的扬尘是我国部分城市 PM10 排放的主要贡献源（潘月云等，2015）。此外，伴随着人口的增加，城镇人口对交通的需求也会逐渐增大，机动车拥有量在短期内的爆发性增长必将排放大量的尾气，是大城市形成雾霾的重要推动力，因此，必然会影响到城镇区域的雾霾浓度。

2. 土地城镇化对雾霾污染的作用机理分析

首先，人类的社会经济活动必须以一定的空间为载体，因此，城镇化进程另一个重要的特征就是城镇面积的扩张。第一，城市面积的扩张无疑会增加城市居民通勤的距离，这会进一步加剧对交通、物流运输和私人汽车的需求量，造成大量汽车尾气聚集在城市上空，极易形成雾霾天气。第二，城市蔓延的直接效应会导致近郊区的生态空间被挤压，而在城市内部，城市建设用地的无序扩张又会改变城市土地利用结构，压缩城市绿地规模，此外，中国式城镇化带有浓厚的政府干预色彩，在现行政绩考核体系下，地方政府为追求 GDP 的增长，通常会强制推动土地利用模式的转换，大量经济开发区、城市新城、卫星城拔地而起，城市建成区面积不断扩张，土地用途变更的随意性和盲目性又会进一步加剧雾霾天气的污染程度。第三，城市的快速膨胀必然会突破当地的资源承载力和环境容量，出于实现资源环境承载力和城市规模平衡的目的，各城市间的联系进一步加强，越来越多的物质和能量在相互传递，导致雾霾污染存在着严重的空间溢出效应，这反过来又会加剧自身城市雾霾污染程度，降低各城市雾霾污染治理的效果。

其次，土地城镇化也同样存在间接效应。伴随着城镇化的推进，城市蔓延现象在我国开始大量出现（秦蒙等，2015），城市空间形态和土地利用模式开始从集聚走向分散，还会产生非法占用大量耕地和严重的雾霾污染等一系列问题（王家庭等，2010）。在我国“政治集权、经济分权”的大背景下，地方政府发展经济的积极性被充分调动起来，形成了我国特有的土地财政体系。当前我国城镇化还在快速推进，以户籍人口衡量的城镇化率严重偏低，高速发展的城镇化进程在土地财政制度的推波助澜下，无疑将会改变土地利用模式，增大城镇建设用地面积占比，进而影响到城镇区域的雾霾污染。

3. 产业城镇化对雾霾污染的作用机理分析

首先，城镇化是现代社会改变传统生产生活模式最彻底的路径。在当前大力推动城镇化的进程中，大量的农业活动及其生产要素向非农活动和非农产业转移，非农产业的规模化发展一方面会增加对化石能源的规模化利用，产生大量的有害废弃物，加剧雾霾污染的发生；另一方面城镇化的推进同时会促进各类产业的集聚，产业之间的彼此邻近既有利于清洁型技术的研发，又有利于节

能降耗技术的推广应用，从而也可能会发挥出雾霾污染治理的规模效应，最终反而有利于雾霾污染的缓解。

其次，城镇化与工业化是推动经济发展的重要引擎，城市雾霾浓度的高低与城市产业结构有着重要的关联，产业非农化过程及其内部结构转型升级是城镇化的根本动力（何绍田，2014）。在产业非农化的过程中，不同的区域基于不同的历史条件和资源禀赋特征会选择不同要素密集度的产业作为地区支柱性产业，此时资源丰富的地区出于发展经济的需要自然而然就会重点推进资源密集型产业规模的壮大，而周边邻近地区也会基于产业关联而形成相配套的关联型产业，这就进一步加大对资源能源的消耗量和需求量，在我国以煤炭为主的能源消耗结构下，势必会影响城镇雾霾污染，并且会形成区域性、复合性的雾霾污染，最终加大雾霾污染治理的难度，这既是我国治霾的症结之所在，也是产业城镇化通过增加能源消耗量和恶化能源消耗结构而作用于雾霾污染的间接路径。城镇化对雾霾污染的作用机理如图 2-1 所示。

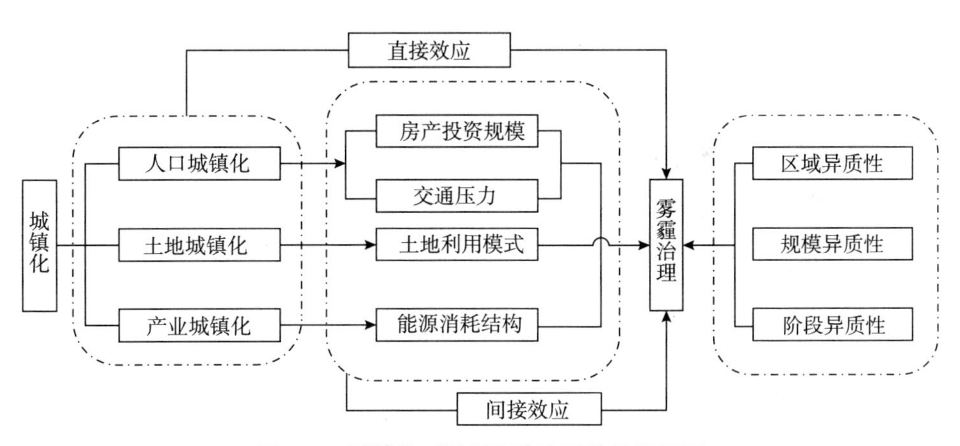

图 2-1　城镇化对雾霾污染治理的作用机理

（二）基于环境规制视角的解释

1. 环境规制对雾霾污染的直接作用

环境规制主要指政府以非市场的手段对环境资源的直接干预，根据对市场主体排污行为约束方式的不同，可以把环境规制分为以政府为主导的命令控制型环境规制和以市场为基础的激励型环境规制。从环境规制对雾霾污染治理的直接作用机制来看，雾霾污染的产生是经济发展的过程中由于忽视环境保护所带来的有害副产品。伴随着生活水平的提高，人们对居住地生态环境的关注度也与日俱增，然而由于环境污染负外部性的存在，生态环境所具有公共产品的性质决定了市场调节机制难以达到治霾的预期效果。因此，一方面政府会利用税制、补贴和可交易排污许可证等以市场为基础的环境规制手段抑制传统重化工业规模的过度膨胀和化石能源的过量使用，促进和鼓励新能源的推广与应用，通过壮大战略性新兴产业和绿色生态产业的规模来有效控制雾霾污染；另一方面政府也可以利用命令控制型的环境规制方式直接作用于企业生产过程，对高污染、高耗能企业实行关停并转，坚决淘汰落后产能，强制企业落实节能减排的措施等，以期望环境规制能够有效降低我国雾霾污染。

2. 环境规制对雾霾污染的间接作用

环境规制不仅对雾霾污染治理有直接效应，还有可能通过作用于产业结构、能源消耗结构和技术进步水平三条路径间接影响雾霾污染治理。首先，大规模环境污染事件频发是经济发展过程中产业结构比例发生实质性变化的结果，各地区雾霾浓度的高低和地区高污染产业的规模有着很大的关系。一地区高污染产业规模越大，其煤炭等化石能源消耗量就会急剧攀升，继而导致各种工业废弃物和烟粉尘排放量增大，这是形成雾霾污染天气的重要原因。因此，有效的环境规制会压缩高污染、高耗能产业的利润空间，使污染密集型产业的竞争力下降，而绿色清洁型产业竞争力就会上升，服务业规模也会壮大，从而促进了产业结构的合理化与高端化，最终环境规制通过促进产业结构升级而导致雾霾浓度的下降。其次，由于我国的能源消耗结构表现为以煤炭消耗为主，其占比长期居高不下，故而燃煤对我国雾霾天气的形成有着至关重要的影响，尤其是大量使用散煤和劣质煤所排放的烟尘会加剧我国的雾霾污染程度和治理难度，而环境规制可以通过增加相关企业使用煤炭等传统化石能源的成本来约束煤炭消耗比例的上升，甚至会直接限制企业使用煤炭的比例以达到优化能源消耗结构的目的，从而从根本上降低我国雾霾发生的概率，最终形成环境规制

通过优化能源消耗结构而降低污染的间接路径。最后，从技术进步水平的角度来看，环境规制既可以通过促进清洁型生产技术的研发以推动对雾霾污染的治理，而企业也可以通过技术研发来内化环境规制所带来成本的上升，从而达到降低雾霾浓度的目的，同时环境规制还可以通过促进工业创新要素投入偏向于绿色技术研发来实现对雾霾污染的有效治理，最终形成环境规制通过影响技术进步水平而作用于雾霾污染的间接路径。此外，地区间环境规制水平和经济发展水平的差异也会导致各大区域间所呈现的环境规制的雾霾治理效应及其路径呈现出显著的区域异质性。环境规制对雾霾污染治理的作用机理如图 2-2 所示。

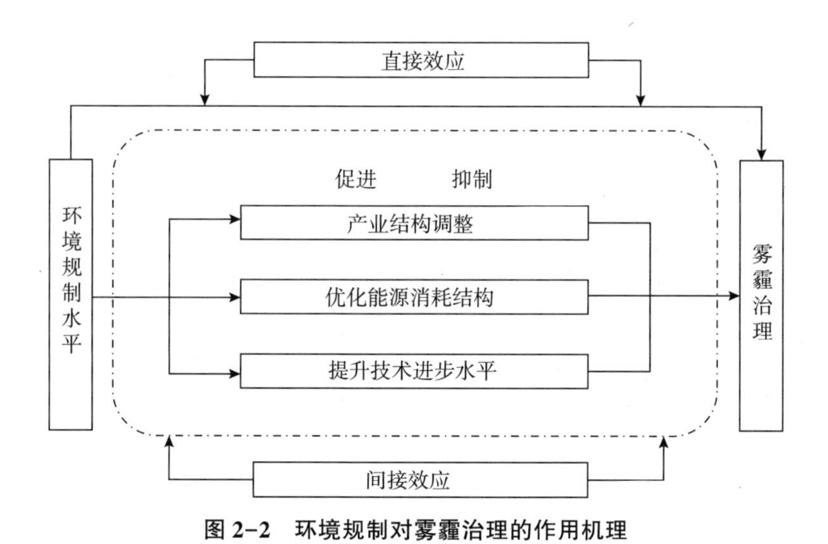

图 2-2　环境规制对雾霾治理的作用机理

（三）基于要素市场扭曲视角的解释

在现行政绩考核制度下，地方政府往往会倾向于以 GDP 为导向进行要素资源的分配，片面追求 GDP 增长，持续招商引资，对各种要素的价格和配置进行干预和控制，造成了要素市场扭曲。同时也因为存在着一定的腐败现象，要素资源未能实现合理的配置，加之现有市场存在一定的市场分割情况，要素资源在该市场条件下不能完全自由流动。因此，GDP 锦标赛、市场分割、地区腐败均会加剧要素市场扭曲。

要素市场扭曲导致我国企业倾向于消耗资源来获取更多利润，缺乏一定的压力和动力进行技术革新，且要素市场扭曲会产生一些寻租机会，很多企业利用这些机会，能够以相对比较低的成本获取大量的要素，进而获得一些超额利润。这不仅阻碍了企业自身进行技术研发革新，同时也导致了要素市场的资源错配，对企业技术进步产生负面影响。此外，要素市场扭曲不仅影响了企业的资源配置效率，而且会产生一定程度的垄断，影响企业的自由进入退出，从而导致生产效率的低下，对技术进步革新产生负面影响。因此，要素市场扭曲通过抑制技术进步，最终导致雾霾污染。

在现行政绩考核体制的刺激下，地方政府各自为政，要素市场扭曲导致大量要素流向高耗能、高排放的重工业或者低效率、低水平的轻工业，严重抑制了产业向高新技术产业转型升级。同时地方政府可能更倾向于向那些国有垄断资本密集型企业提供各项优惠条件，因为此类企业能够创造更多的产值和财税收入，这将扩大垄断企业与其他企业的收入差距。要素市场扭曲进一步拉大收入差距并引致内需不足，消费结构的优化升级受到阻滞将抑制产业结构的转型与优化，导致了粗放型的产业结构，从而加剧了雾霾污染。

首先，要素市场扭曲导致要素价格被低估，致使落后产能也未能被及时淘汰，极大地阻碍了企业的技术进步，影响了能源效率的提升。其次，要素市场扭曲使能源效率高的企业未能被合理配置到足够的要素，而大部分要素被分配给了有政府背景的相关企业，这些企业往往生产效率相对低下，缺乏寻求能源效率提升的积极性，从而不利于环境质量的改善。因此，要素市场扭曲通过影响能源效率，最终导致雾霾污染。

（四）基于产业集聚与贸易开放视角的解释

规模效应和拥挤效应是产业集聚特有的两大属性，是向心力和离心力双重作用的直接反映。当贸易开放水平较低时，单位资本和劳动要素的回报率较低，过高的贸易成本使产业集聚的向心力（集聚效应）小于离心力（拥挤效应），此阶段政府以发展经济为首要任务，通过集聚经济产生的规模效应极大

地促进地区经济增长，弱化了节能减排，产出规模与污染排放同步扩张，从而产业集聚对环境污染的改善力度微乎其微。

随着贸易开放水平的逐步攀升以及市场规模的不断扩张，规模效应极大地降低了贸易成本，单位资本和劳动要素的回报率大幅提升，使产业集聚的向心力（集聚效应）大于离心力（拥挤效应），对外开放和产业集聚带来的知识溢出加快了产业结构的调整，降低了企业的污染排放成本，显著抑制了污染排放的规模。进一步地，随着产业集聚和贸易开放的持续提升，开始出现集聚负外部性现象。集聚负外部性使区内向心力（集聚效应）小于离心力（拥挤效应），过高的人口密度和经济密度极大地透支了区内环境的承载能力，而居民随着经济收入的提高则更加注重生活环境质量，政府采取强制性的环境规制措施倒逼企业排污能力的提升，企业面临高昂的排污费用或者被迫淘汰、重新选址，从而对改善环境污染产生一定的抑制作用。

五、雾霾污染防治的机理分析

（一）基于源头控制视角的解释

1. 燃烧源控制对雾霾防治的作用机理分析

化石燃料的燃烧是 PM2.5 的重要来源。首先，由于我国处于工业化加速期，对能源需求量大，能源结构较为单一，且以高污染的煤炭消耗为主，致使雾霾不断加重。其次，南北方供暖方式不同，北方集中供热主要原料就是煤炭，造成南北方雾霾程度具有一定差异。此外，廉价的煤炭也是大量污染物排放的重要源头。对能源需求量较高的企业往往进口低价劣质煤，严重影响了煤炭利用效率，加剧了雾霾的严重程度。因此，需要从燃烧源对雾霾污染实施控制。

2. 工业源控制对雾霾防治的作用机理分析

工业源头也是我国 PM2.5 的主要来源。从产业结构方面看，我国第二产业占比最大，且其对大气环境的破坏程度更高。制造和钢铁等工业皆会引发严重的大气污染，排放大量有害气体及尘埃，成为雾霾的重要来源。此外，由于工业集聚导致的雾霾会造成污染的复合性和次生性，因而进一步加大了治霾难度。同时东部产业结构的转型升级会将高污染企业转移到中西部地区，也使一些原本污染程度较小的地区的 PM2. 5 浓度值变大。因此，需要从工业源对雾霾污染进行有效防治。

3. 交通源控制对雾霾防治的作用机理分析

车辆尾气排放是 PM2. 5 不可忽视的重要源头之一。生活质量提升，出行欲望增多，政府刺激消费，交通系统的完善皆会导致汽车数量的持续上升。相关统计数据显示，截至 2017 年 3 月，我国小型载客汽车达 1. 64 亿辆，私家车总量超过 1. 5 亿辆，机动车保有量超过 3 亿辆。汽车尾气会产生大量废气，如二氧化硫、氮氧化物、重金属粒子等，加剧了雾霾的严重程度。此外，数量庞大的机动车保有量会对交通带来巨大压力，交通拥堵现象加剧。有研究表明，当行车时速小至 20 km/h 时，其所产生的大气污染物浓度要比高速行驶下的浓度大得多。因此，需要从交通源实施对雾霾污染的有效防治。源头控制模式对雾霾防治的作用机理如图 2-3 所示。

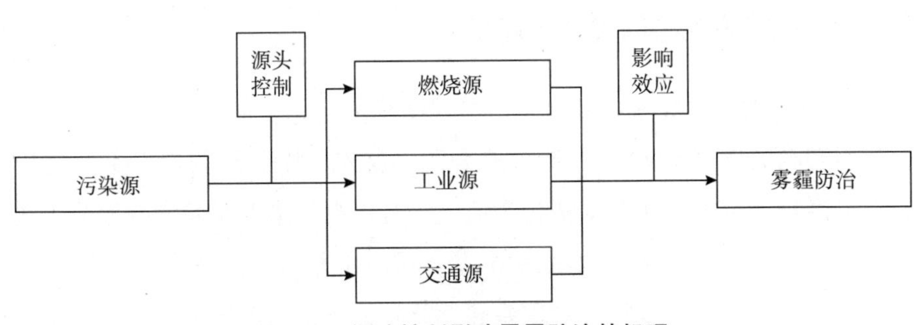

图 2-3 源头控制影响雾霾防治的机理

（二）基于跨区域联防联控视角的解释

跨区域联防联控机制是区域内部各地方政府以防治区域雾霾污染为目标，建立相关组织和制度，打破行政区域界线，共同规划和实施污染控制方案，统

筹安排，相互监督，互相协调，最终实现改善区域整体环境质量目标的区域性污染治理机制。近年来雾霾天气不断呈现出跨区域蔓延的特征，雾霾污染不再是单纯的局部环境问题，而在很大程度上会通过交通流通、污染物泄漏、产业转移、工业集聚等经济机制转移或扩散到周边地区。根据邵帅等（2016）的研究，雾霾污染的空间溢出效应和区域集聚特征意味着“单边”的治霾努力可能会因为“泄漏效应”的存在而变得徒劳无功，因此有效的雾霾污染防治模式必须建立在区域联防联控的基础之上。在总体环境约束条件下，构建科学合理的跨区域联防联控机制，通过共同规划、共同实施环境治理方案有利于实现区域内部个体的经济成本最小化。另外，借助跨区域的联防联控机制构建统一的雾霾检测平台，实行区域间雾霾信息共享、建立联合预警机制，形成示范效应，可以带动有利于雾霾污染治理的区域合力。因此，实现跨区域联防联控的雾霾防治模式是打好蓝天保卫战的必要之策。

第三章　我国雾霾污染强度的地区差异与收敛性研究

在理论分析的基础上，本章对我国雾霾污染强度的发展现状展开研究，主要借助泰尔指数测算及其分解方法对 2001～2014 年我国雾霾污染强度的地区差异进行测算和分解，将总体差异进行三大区域的内部差异和结构差异分解，同时借鉴经济增长中的收敛分析方法，构建雾霾排放收敛模型，定量考察雾霾污染动态累积效应大小，并对我国雾霾污染强度的区域差异进行收敛性检验。

一、方法、模型与数据说明

（一）泰尔指数的测算及其嵌套分解方法

泰尔指数（Theil Index）广泛地应用于衡量地区之间的差异程度，其系数值大小与地区差异成正比。与其他同类测算方法相比，泰尔指数的优势在于可以将总体差异进行拆分，能够准确衡量组内差异、组间差异的作用大小及其在总体差异中的贡献程度。本章借助该指数来测算我国雾霾污染强度的地区差异，同时借鉴齐红倩和王志涛（2015）、Shorrocks（1980）对泰尔指数的分解思路，将其计算公式设定如下：

$$T=\sum_{i}\sum_{j}\left(\frac{H_{ji}}{H}\right)\ln\left(\frac{H_{ji}/H}{G_{ji}/G}\right) \tag{3-1}$$

其中，i 为省份个数；j 为区域个数；T 为总体泰尔指数；H 为全国雾霾污染年均浓度值，H_{ji} 为 j 区域内第 i 个省份雾霾污染年均浓度值；G 为 i 省份国内生产总值，G_{ji} 为 j 区域内第 i 个省份的国内生产总值。

为了反映区域间和区域内的差异程度，此处对泰尔指数做进一步拆分，令 T_n 代表 j 区域内 i 省份间的雾霾污染强度的差异大小，其计算公式为：

$$T_n=\sum_{i}\left(\frac{H_{ji}}{H_j}\right)\ln\left(\frac{H_{ji}/H_j}{G_{ji}/G_j}\right) \tag{3-2}$$

那么，可将泰尔指数做如下分解：

（1）总体差异：

$$T=T_w+T_b=\sum_{j}\left(\frac{H_j}{H}\right)T_n+T_b \tag{3-3}$$

（2）组内差异：

$$T_w=\sum_{j}\left(\frac{H_j}{H}\right)T_n=\sum_{i}\sum_{j}\left(\frac{H_j}{H}\right)\left(\frac{H_{ji}}{H_j}\right)\ln\left(\frac{H_{ji}/H_j}{G_{ji}/G_j}\right) \tag{3-4}$$

（3）组间差异：

$$T_b=\sum_{j}\left(\frac{H_j}{H}\right)\ln\left(\frac{H_j/H}{G_j/G}\right) \tag{3-5}$$

其中，T_w 为组内差异；T_b 表示组间差异；H_j 为 j 区域内雾霾污染年均浓度值；G_j 为 j 区域内的国内生产总值。此外，还可以借助 T_w/T 和 T_b/T 的比值来反映组内差异和组间差异对总体差异的贡献程度。

（二）收敛性理论与模型

收敛性理论起源于新古典增长理论，是现代经济增长理论不可或缺的组成部分，该理论在早期广泛用于经济增长领域，主要从事对区域间发展不均衡的研究，随着时间的推移和应用的推广，常被用来进行经济增长、能源效率、能源强度、全要素生产率等领域的研究（刘生龙和张捷，2009；孙传旺等，2010；郑君君等，2013；杨翔等，2015），主要包括 σ 收敛、β 收敛和俱乐部收敛三种方式。

（1）σ 收敛。σ 收敛反映了不同经济实体之间的人均收入或产出的离差值随着时间的推移呈现渐趋减少的态势，也是对存量水平的一种描述（许广月，2010），本章采用变异系数来揭示地区雾霾污染强度与总体水平的差异程度及其动态演变过程。其计算公式为：

$$\sigma_t = \sqrt{\sum_{i=1}^{n}(H_{i,t} - \overline{H}_t)^2/n} \Big/ \overline{H}_t \tag{3-6}$$

其中，$H_{i,t}$ 为区域 i 在 t 时期的雾霾污染强度；$\overline{H}_t$ 为 t 时期区域 i 雾霾污染强度均值。当 $\sigma_{t+1}<\sigma_t$ 时，表示随着时间的推移，雾霾污染强度的离散系数值在逐渐缩小，存在 σ 收敛。

（2）β 收敛。β 收敛反映了不同经济实体之间人均产出增长率与其初始水平存在负向关联度，即经济发达区域的人均产出增长速度往往慢于经济欠发达区域的增长速度。经济实体发展存在异质性特征，因此可将其分为绝对 β 收敛和条件 β 收敛。

绝对 β 收敛。绝对 β 收敛假定研究区域存在相同的环境规制、经济产出、能源效率、产业结构等条件，不同经济实体的雾霾污染强度随着时间的推移会收敛在相同的稳态。本章借鉴 Barro Sala-I-Martin（1996）的做法，构建如下绝对 β 收敛模型：

$$\ln(H_{i,t+T}/H_{i,t})/T = \alpha + \beta \ln H_{i,t} + \mu_{i,t} \tag{3-7}$$

其中，α 为常数项；β 为回归系数；$u_{i,t}$ 为误差项；i 为不同经济实体；t 为时期；$\ln(H_{i,t+T}/H_{i,t})/T$ 为 i 经济实体从 t 到 $t+T$ 时期雾霾污染强度的平均增长率；T 为期初与期末时间间隔①。当 $\beta<0$ 时，说明雾霾污染强度的增长与其初始水平存在负向关联度，雾霾污染强度低的经济实体增长速度快于雾霾污染强度高的经济实体，即存在绝对 β 收敛。根据收敛理论可以进一步得到收敛速度表达式：

$$\beta = -\frac{1-e^{-\lambda T}}{T} \tag{3-8}$$

条件 β 收敛。与绝对 β 收敛不同，条件 β 收敛假定研究区域存在不同的环

① 进行经济收敛分析时需要考虑经济周期，通常设其周期间隔为 T，但雾霾排放不存在明显的周期，同时为了增加样本量，简化计算的复杂性，本部分实证分析设定的周期间隔均为 1，即 $T=1$。

境规制、经济产出、能源效率、产业结构等诸多条件，随着时间的推移不同经济实体的雾霾污染强度会收敛在同一稳态层面。此处，在绝对 β 收敛模型上纳入多个控制变量即为条件 β 收敛模型。本章根据已有研究成果，考虑了经济系统与环境系统的紧密性和复杂性，兼顾能源效率（*ET*）、机动车辆（*VEHI*）、环境规制（*FER*）、产出水平（*PGDP*）、产业结构（*STRM*）、城市供暖（*HEAT*）、城镇化水平（*URBA*）等控制变量的影响。此外，本章还将雾霾污染的动态累积效应考虑其中，将雾霾污染的滞后一期引入模型中，在式（3-7）的基础上构建如下的绝对 β 收敛模型：

$$\begin{aligned}(\ln H_{i,t+T}-\ln H_{i,t})/T &= \alpha+\beta\ln H_{i,t}+\gamma_j X_{i,t}+\mu_{i,t} \\ &= \alpha+\beta\ln H_{i,t}+\gamma_0\ln H_{i,t-1}+\gamma_1 ET_{i,t}+\gamma_2 VEHI_{i,t}+\gamma_3 FER_{i,t}+ \\ &\quad \gamma_4 PGDP_{i,t}+\gamma_5 STRM_{i,t}+\gamma_6 HEAT_{i,t}+\gamma_7 URBA_{i,t}+\mu_{i,t} \qquad (3-9)\end{aligned}$$

其中，γ_0、γ_1、γ_2、γ_3、γ_4、γ_5、γ_6、γ_7 为控制变量的估计系数。

（3）俱乐部收敛模型。经济俱乐部收敛表明，即便特征相似的国家（地区）也不一定收敛于同一稳态层面，经济发展的初始状态对其最终水平往往存在决定性作用。试想，雾霾污染强度是否也同样具有俱乐部收敛现象？我国经济具有典型的梯度特征，雾霾污染强度的地区差异变化可能主要源于区域内部。基于此，本章从地理空间视角出发，将全国划分为东、中、西三个梯度，讨论其各自的雾霾污染强度收敛情况，并将虚拟变量 D_{ji} 纳入俱乐部检验模型，其中 $j=1$，2（中部=1，西部=2），若省份 i 落在地区 j 内，$D_{ji}=1$；反之则为0。因此，对虚拟变量的回归系数进行检验，若其显著不为0，即存在俱乐部收敛；反之则不存在。此处借鉴吴立军和田启波（2016）的做法，在原收敛分析的模型中引入组别虚拟变量，进一步减少模型拟合的个数，俱乐部收敛模型可表示为①：

$$\begin{aligned}(\ln H_{i,t+T}-\ln H_{i,t})/T &= \alpha_0+\alpha_1 D_{1,i,t}+\alpha_2 D_{2,i,t}+\beta_0\ln H_{i,t}+\beta_1(D_{1,i,t}\ln H_{i,t})+ \\ &\quad \beta_2(D_{2,i,t}\ln H_{i,t})+\mu_{i,t} \qquad (3-10)\end{aligned}$$

① 俱乐部Ⅰ为北京、天津、河北、辽宁、上海、江苏、浙江、福建、山东和海南；俱乐部Ⅱ为山西、吉林、黑龙江、安徽、江西、河南、湖北和湖南；俱乐部Ⅲ为四川、贵州、云南、重庆、陕西、甘肃、青海、宁夏、新疆、内蒙古和广西。

其中，$(\ln H_{i,t+T}-\ln H_{i,t})/T=\alpha_0+\beta_0\ln H_{i,t}+\mu_{i,t}$ 表示基础类型，即俱乐部Ⅰ；$(\ln H_{i,t+T}-\ln H_{i,t})/T=\alpha_0+\alpha_1 D_{1,i,t}+\beta_0\ln H_{i,t}+\beta_1(D_{1,i,t}\ln H_{i,t})+\mu_{i,t}$ 表示俱乐部Ⅱ；$D_{1,i,t}$ 为虚拟变量，1 为俱乐部Ⅱ，0 为其他俱乐部；$(\ln H_{i,t+T}-\ln H_{i,t})/T=\alpha_0+\alpha_2 D_{2,i,t}+\beta_0\ln H_{i,t}+\beta_2(D_{2,i,t}\ln H_{i,t})+\mu_{i,t}$ 表示俱乐部Ⅲ。$D_{2,i,t}$ 为虚拟变量，1 为俱乐部Ⅲ，0 为其他俱乐部。

（三）数据说明

1. 核心解释变量

雾霾污染强度（H），雾霾的主要成分是 PM2.5 和 PM10，单位为 ug/m^3，是由多种因素交叉作用形成的一种典型的大气污染现象。与 PM10 相比，PM2.5 具有小颗粒、活性强、输送距离远、分布广、空气停留时间长、易携带有毒物质等特性，对居民生活和大气环境的危害程度远大于 PM10，因此本章采用 PM2.5 反映雾霾污染强度。考虑到我国 PM2.5 数据的不完善，对 PM2.5 的统计数据只限于各个省会城市和重点城市，加之省会城市又是全省的经济活动重心，本章的各省份 PM2.5 统计数据用省会城市的数据代替①。

2. 控制变量

（1）能源效率（EI）。长期以来，政府以追求高速经济增长为政绩考核准则，不断扩大招商引资的规模，导致部分资本快速流入高耗能、高污染的重工业，而在绿色环保类产业上的投资严重不足，对环境技术进步的激励机制较为匮乏，抑制了企业的技术进步与创新。此外，当前环境管制所涉及的企业较少，直接导致市场对污染控制技术的需求不足，环境技术产业缺乏长期发展的原动力。本章用地区生产总值与能源消费总量的比值来衡量各地区的能源效率，单位为万元/吨标准煤。

（2）机动车辆（$VEHI$）。随着交通网络的便捷化以及居民生活水平的逐步提高，民众对交通出行的便利需求也不断增长，致使机动车辆的数量增长迅

① 参照国家环保部发布的《2013 中国环境状况公报》和《2014 中国环境状况公报》中国雾霾日数分布图可以发现，省会城市雾霾污染程度均高于全省平均水平，并且各省份雾霾污染程度与其省会城市 PM2.5 大致吻合，可信度较高。

速，排放的尾气逐年攀升。值得关注的是，机动车辆数量的不断增加，使道路出现拥挤现象，大大减缓了行车速度。本章用人均汽车拥有量来代表各地区的机动车辆情况，单位为辆/万人。

（3）环境规制（*FER*）。由于环境污染现象存在负外部性属性，因而需要政府颁布和推行相关政策对企业经济活动进行宏观调控，促进环境系统与经济系统的协调发展。有效的环境规制往往能够促进企业产业结构的变革，加速企业绿色产业链的构建，有助于实现企业经济效应和环保效应的共赢，促进产业发展与生态环境的协调发展。本章用工业污染治理完成投资与地区生产总值的比值来反映各地区的环境规制情况，单位为%。

（4）产出水平（*PGDP*）。一般来讲，地区的产出水平与其经济发展规模高度正相关，若其产出水平越高，则意味着消耗了过多的资源要素，从而产生的经济活动附属品（污染物排放）就越多，致使地区的生态环境质量有所下降。然而，产出水平往往也可以作为衡量地区经济发展和居民生活水平的基本标准。居民生活水平的提升，加强了对居住环境质量的要求，同时政府加大对环境治理的投资力度有助于改善区域的环境质量。通常环境库兹涅茨曲线（EKC）呈倒“U”形，应该将人均收入的一次方和二次方项一起纳入模型中，但相关研究（许广月和宋德勇，2010；周杰琦，2014）指出人均GDP与其平方项存在高度相关性，容易引发多重共线性问题，加之我国正处在高速工业化和城镇化发展阶段，能源需求呈现出明显的刚性特征，未必真正存在EKC曲线，并且李根生和韩民春（2015）通过实证得出雾霾污染的库兹涅茨曲线不存在。因此，本章仅将人均收入的一次方项纳入模型中，用人均GDP来衡量各地区的产出水平，单位为万元/人。

（5）产业结构（*STRM*）。工业生产主要依赖化石能源，工业化的高速发展刺激了能源的需求数量，工业废气排放量与日俱增，远高于同期工业增加值的增长速度。此外，我国重工业比重过高，普遍存在高耗能、高污染的特征，尤其是冶金、化工和发电等行业大量排放的工业废气是形成雾霾天气的重要诱因。虽然在“十一五”规划期间，我国推行的节能减排工作已卓有成效，但因投资驱动形成的“高投入、高耗能、高污染”为主的工业结构并未有所改观。本章借鉴冷艳丽和杜思正（2016）的做法，以工业总产值与地区生产总值的比值来衡量我国的产业结构水平，单位为%。

（6）城市供暖（*HEAT*）。城市供暖主要指火电厂或者天然气发电厂发电时产生的余热，通过管道将暖气输送到用户家中，由于我国南北气候差异显著，部分省份或城市在冬季需要供暖。现阶段，我国以火电厂燃煤供暖为主，燃煤排放的烟尘对大气环境造成一定的环境污染。本章引入虚拟变量，设定冬季供暖省份为1；反之则为0。

（7）城镇化水平（*URBA*）。东部地区人口密集、城市众多、规模较大，城镇化水平最高，居民生活所产生的污染排放量也在迅速增加，加剧了城市的环境污染程度。相反，中西部地区的城镇化水平不高，城市总体规模不大，但存在部分特大规模城市，容易出现亚健康和冒进式的城镇化现象，形成以资源匮乏、房价高涨、人口膨胀、生态失衡、交通堵塞为特征的“城市病”。然而，城镇化水平的提升使城市拥有高密度的人口，促使能源利用的集约化和高效化从理论变为现实，通常人口密集地区的居民对生态环境的要求往往会高于其他地区，因为环境污染会波及更多人的健康状态，这种现象在经济发达地区的大城市中更为凸显。本章借用非农人口与总人口的比值作为各省份的城镇化水平，单位为%。

3. 数据说明

我国部分城市对PM2.5相关数据的统计始于2012年，考虑到国内PM2.5数据的不足，本章借鉴了马丽梅和张晓（2014）、冷艳丽和杜思正（2016）的做法，使用国外研究数据进行研究。本章2000~2012年的PM2.5数据来源于美国国家航空航天局（NASA）公布的全球PM2.5浓度图栅格数据，且该数据与《2012中国环境状况公报》的公布结果较为一致，可信度较高。书中2013~2014年的PM2.5数据来自2014~2015年的《中国统计年鉴》；地区生产总值、人均GDP、工业污染治理完成投资、汽车拥有量、工业总产值数据来自2002~2015年《中国统计年鉴》；能源消费总量数据来自2002~2015年《中国能源统计年鉴》；非农人口、总人口数据来自2002~2015年的《中国人口统计年鉴》《中国人口和就业统计年鉴》。针对部分年份某些统计数据缺失

问题，本章依照均值法对其进行补齐，在研究对象上选取除西藏和港、澳、台地区以外的全国30个省份。

二、我国雾霾污染强度地区差异的测算与分解

（一）雾霾污染强度总体特征分析

本章计算了2001～2014年我国各省份的PM2.5浓度均值及其相对增长率，如图3-1所示，评价结果显示，我国各省份雾霾污染程度分布不均衡，最高的是河南（93.71），最低的是云南（17.49），二者相差达4.36倍。有13个省份高于均值水平，占省份总数的43.33%，其中河南、河北、山东、天津、江苏、安徽、四川、湖北排在前八位，排名后八位的分别为内蒙古、吉林、黑龙江、新疆、福建、青海、海南、云南。进一步计算雾霾污染指数的相对增长率，以150%、100%和50%为界定标准，将全国30个省份划分为以下四种类型：①快速增长型（$V>150\%$），包括吉林、河北、青海、黑龙江、辽宁、北京6个省份；②较快增长型（$100\%<V<150\%$），包括新疆、甘肃、湖南、山西、天津5个省份；③较慢增长型（$50\%<V<100\%$），包括重庆、四川、安徽、湖北、内蒙古、浙江、广西、山东、宁夏、贵州、陕西、广东、云南、福建14个省份；④缓慢增长型（$V<50\%$），包括江苏、江西、上海、海南、河南5个省份。从区域分布来看，三大区域历年的PM2.5浓度值呈现逐年增长的态势，其中中部地区历年PM2.5浓度值最高，占全国比重在36.65%～38.73%，发展态势较为平稳；东部地区历年PM2.5浓度值略低于中部地区，占全国比重在33.58%～37.97%，2012年之前东部地区差异整体呈现小幅度波动，此后则呈减小态势；西部地区历年PM2.5浓度值最低，占全国比重在22.97%～29.77%，以2012年为分水岭，2012年之前西部地区差异整体波动幅度较小，此后则呈现扩大态势（见图3-2）。

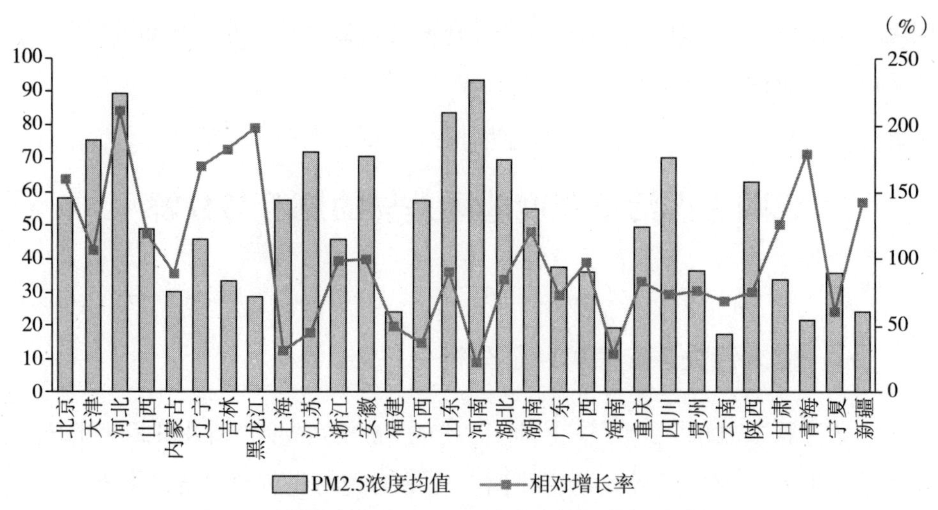

图 3-1 我国各省份 PM2.5 浓度均值及其相对增长率

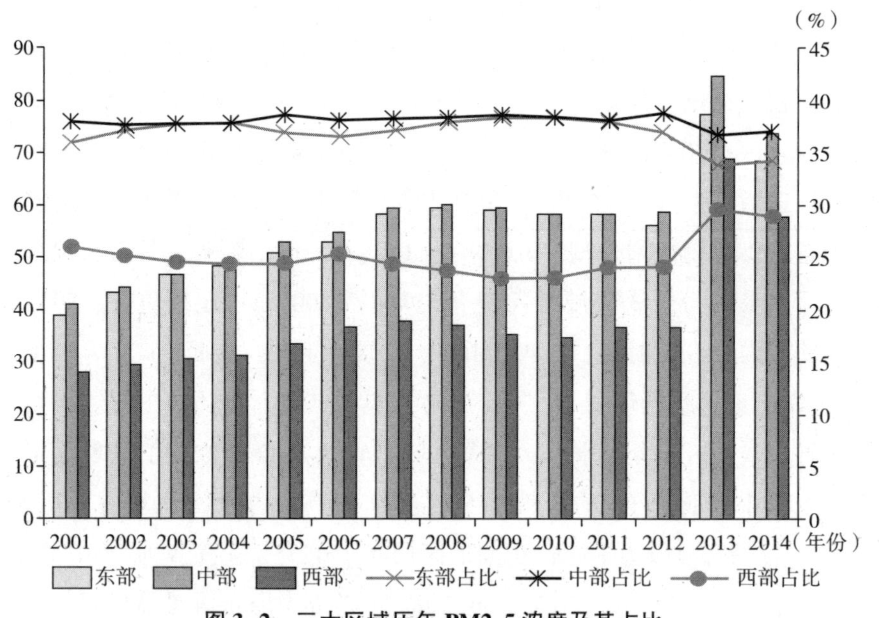

图 3-2 三大区域历年 PM2.5 浓度及其占比

值得一提的是，中部地区历年 PM2.5 浓度值和其占全国比重均略高于东部地区，本章认为出现上述现象的原因主要归结于区域间的产业结构调整。一方面表现在产业转移的后遗症：中部地区在区位上与长江三角洲、京津冀区域相

连，得天独厚的区位条件为承接两大经济带的产业转移提供了有利条件。2006年，我国政府出台了《中共中央国务院关于促进中部地区崛起的若干意见》，伴随着中部崛起战略和西部大开发战略的推行，国家加大了对中西部地区的支持力度，但转移到当地的产业多数具有双高特征。另一方面表现在不合理的绩效考核标准：地区政府各自为政，均以 GDP 作为政绩考核的标准，缺乏相应的创新和激励机制。省份之间为了追求自身发展争相抢夺资源，经济发达的东部地区对落后产能进行调整，环境规制进一步加强，注重清洁和高新技术产业的发展；相反，缺乏竞争优势的中西部地区则以牺牲环境为代价，引进以制造业为主的高污染产业来刺激当地的经济增长，进一步加剧了环境的污染。

（二）基于泰尔指数的测算结果及分析

1. 总体差异分析

由表 3-1 可知，泰尔指数大致呈现波动下降的发展态势，泰尔指数由 2001 年的 0.238 下降至 2014 年的 0.145，下降幅度为 39.76%，表明我国区域雾霾污染的差异有所下降，最大值和最小值的年份分别出现在 2001 年（T 为 0.238）和 2012 年（T 为 0.139）。2001～2005 年总系数一直处于缓慢下降状态，由 2001 年的 0.238 下降至 2005 年的 0.209，下降幅度为 12.18%，2006～2012 年总系数一直处于快速下降状态，由 2006 年的 0.219 下降至 2012 年的 0.139，下降幅度为 36.53%。随后在 2013 年和 2014 年又有所上扬，升至 0.145。

表 3-1　2001～2014 年我国整体泰尔指数及其增长率

年份	泰尔指数	增长率（%）	年份	泰尔指数	增长率（%）
2001	0.238	—	2008	0.161	-22.6
2002	0.235	-1.3	2009	0.167	3.7
2003	0.227	-3.4	2010	0.160	-4.2
2004	0.221	-2.6	2011	0.155	-3.1
2005	0.209	-5.4	2012	0.139	-10.3
2006	0.219	4.8	2013	0.144	3.6
2007	0.208	-5.0	2014	0.145	0.7

此外，对历年泰尔指数增长率的变动情况进行分析，发现我国雾霾污染差异在2001~2014年大致呈现衰减的发展态势，排放差异在“十一五”期间下降幅度显著，值得关注的是泰尔指数在2009年以后有所回升，说明近年来我国雾霾污染差异存在一定的反弹势头。造成上述现象的原因可能在于，“十一五”期间我国经济高速发展进一步加剧了高能耗产业的饱和程度，因此政府也呼吁节能减排，出台相关政策对污染密集型行业进行治理，致使我国总体污染差异逐年下降。然而，2008年金融危机以及2011年之后的次贷危机、欧债危机的爆发对我国经济发展造成一定的冲击，经济增长速度明显放缓，期间政府加大了对基础设施建设的投资力度，进一步稳定经济增长和增加就业，加之国家对产业结构进行整体调整，东部地区污染产业向中西部进行内迁，区域污染排放差异有所反弹。

2. 区域差异分析

由表3-2和图3-3可知，地区泰尔指数由高到低依次为东部、西部和中部。其中东部地区泰尔指数发展较为平稳，波动幅度较小；西部地区泰尔指数先升后降，以2010年为分水岭，在2010年前持续下降，之后开始持续上升；中部地区泰尔指数一直处于缓慢下降的发展态势。借助泰尔指数空间分解性，进一步对区间差异（T_b）和区内差异（T_w）进行分解，如表3-3所示。从地区间差异角度来看，区间差异（T_b）大致呈“M”形的发展趋势，表明东部、中部和西部地区间的雾霾污染差异在波动下降，且差异变动由大到小分别为西部、中部、东部；从地区内部差异角度来看，区内差异（T_w）总体呈现缓慢下降的发展态势，从2001年的0.161下降到2014年的0.105。值得一提的是，区内差异变动由大到小依次为东部、西部和中部，且差异变化幅度较小，并没有随着时间序列的变化而表现出显著的差异逐年递增的发展态势。

表3-2 2001~2014年我国雾霾污染强度泰尔指数及其分解

年份	总体	区域间	区域内	东部	中部	西部
2001	0.238	0.077	0.161	0.184	0.088	0.208
2002	0.235	0.068	0.167	0.205	0.076	0.211

续表

年份	总体	区域间	区域内	东部	中部	西部
2003	0.227	0.068	0.160	0.213	0.064	0.184
2004	0.221	0.066	0.155	0.214	0.051	0.180
2005	0.209	0.070	0.139	0.193	0.048	0.162
2006	0.219	0.075	0.144	0.202	0.046	0.168
2007	0.208	0.063	0.145	0.212	0.042	0.160
2008	0.188	0.052	0.136	0.205	0.039	0.138
2009	0.177	0.047	0.129	0.189	0.046	0.133
2010	0.172	0.042	0.130	0.196	0.043	0.125
2011	0.169	0.040	0.129	0.197	0.037	0.130
2012	0.167	0.041	0.126	0.191	0.029	0.141
2013	0.179	0.075	0.104	0.204	0.027	0.195
2014	0.172	0.067	0.105	0.195	0.039	0.225

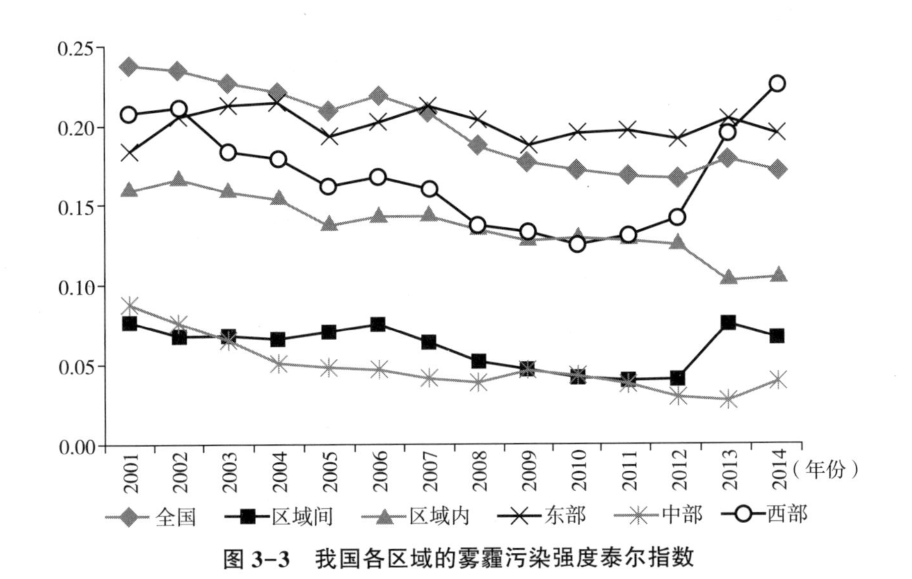

图 3-3　我国各区域的雾霾污染强度泰尔指数

表 3-3　2001~2014 年我国区域雾霾污染强度差异内部分解

年份	总差异 T	区域间差异				贡献率（%）	区域内差异				贡献率（%）
		T_b	东部	中部	西部		T_w	东部	中部	西部	
2001	0.238	0.077	-0.153	0.075	0.156	32.30	0.161	0.074	0.027	0.060	67.70
2002	0.235	0.068	-0.148	0.076	0.140	28.94	0.167	0.085	0.023	0.059	71.06
2003	0.227	0.068	-0.148	0.081	0.135	29.76	0.160	0.090	0.020	0.050	70.24
2004	0.221	0.066	-0.147	0.081	0.132	30.04	0.155	0.090	0.016	0.049	69.96
2005	0.209	0.070	-0.152	0.092	0.130	33.59	0.139	0.080	0.015	0.044	66.41
2006	0.219	0.075	-0.155	0.088	0.143	34.35	0.144	0.082	0.014	0.048	65.65
2007	0.208	0.063	-0.146	0.088	0.121	30.41	0.145	0.089	0.013	0.044	69.59
2008	0.188	0.052	-0.135	0.086	0.101	27.64	0.136	0.087	0.012	0.037	72.36
2009	0.177	0.047	-0.130	0.090	0.088	26.71	0.129	0.081	0.015	0.034	73.29
2010	0.172	0.042	-0.124	0.081	0.084	24.29	0.130	0.085	0.013	0.032	75.71
2011	0.169	0.040	-0.121	0.071	0.089	23.62	0.129	0.083	0.011	0.035	76.38
2012	0.167	0.041	-0.122	0.077	0.086	24.47	0.126	0.079	0.009	0.038	75.53
2013	0.179	0.075	-0.148	0.055	0.168	41.83	0.104	0.076	0.008	0.020	58.17
2014	0.172	0.067	-0.143	0.059	0.151	38.91	0.105	0.074	0.012	0.019	61.09

由图 3-4 可知，区内差异泰尔指数贡献率介于 58.17%~76.38%，整体呈现不断上升态势，区间差异泰尔指数贡献率介于 23.62%~41.83%，整体呈现不断降低的态势。据此可以得出，省份内部发展的非均衡是我国区域雾霾污染强度产生差异的主要动因，三大地带内部的发展差异对总体差异的影响较大，而三大地区间的发展差异对总体差异的影响相对较小。从三大区域泰尔指数的贡献率来看，东部地区贡献率最大，西部地区次之，中部地区最小。其原因在于东部地区经济最为发达，消耗的资源和能源总量最多，但随着居民生活水平的提升，加强了对居住环境质量的要求，加之政府环境规制的增强和人口、土地、资源“红利”的锐减，致使区际产业被迫转型升级，促使高污染、高能耗产业内迁至中西部地区。中部地区与东部地区经济带相承接，各省份经济发展水平并驾齐驱，并且区域内部产业结构较为相似，地区发展差异较小。与中

部区域相比，西部区域位于我国内陆地区，地域面积辽阔，经济发展水平不高，基础设施建设较为落后，区际发展缺乏协调，再加上各省份之间区位条件、产业结构、经济发展水平、政治文化等要素大相径庭，区域内部的能源利用效率差异显著，省际内部差异较大，尤其是其西北板块和西南板块的经济发展最为落后，且迁入的产业质量均落后于西部其他地区，长此以往极易成为西部地区重污染产业的两个增长极，间接拉大了西部区域内部的环境差异。

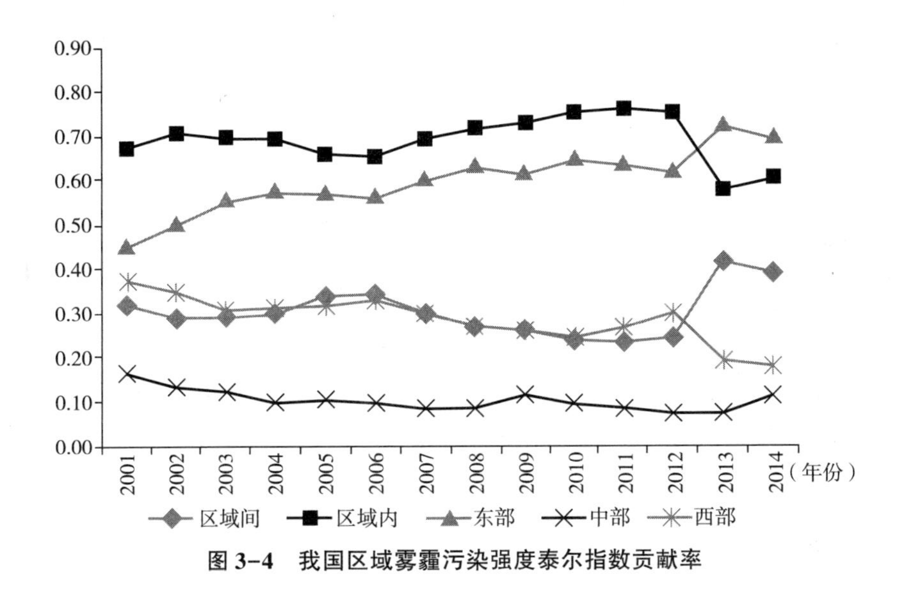

图 3-4　我国区域雾霾污染强度泰尔指数贡献率

三、我国雾霾污染强度的收敛性分析

本章分别借助 σ 收敛、绝对 β 收敛、条件 β 收敛以及俱乐部收敛检验对全国和三大区域雾霾污染强度的趋同或发散规律进行对比分析。

（一）σ 收敛性检验

借助变异系数对我国雾霾污染强度进行 σ 收敛检验，如表 3-4 所示，2001~

2014 年全国、东部、中部和西部地区的雾霾污染强度整体上存在 σ 收敛。全国雾霾污染强度的变异系数介于 0.334~0.580，在 2001 年达到最大值 0.580，2014 年达到最小值 0.334，变异系数在 2001~2012 年缓慢下降，2012~2014 年快速下降。东部地区雾霾污染强度的变异系数介于 0.377~0.630，其历年雾霾污染强度变异系数均高于全国和中西部地区，而中部和西部地区的变异系数值较为接近，演变格局与全国较为相似。根据收敛原理可知，若地区雾霾污染强度具有收敛迹象，则说明实施地区协同发展的环境政策能够缓解发达地区同落后地区之间的差距，但区域内部雾霾污染强度的差异演变格局视具体区域情况而定。本章认为产生上述现象的原因可能是：一方面，由于区域省份之间的历史背景、区位条件、产业结构、经济发展水平以及政治文化等要素大相径庭，区域内部的能源利用效率差异显著；另一方面，各区域推行低碳减排和环境规制的政策和力度有所不同，致使各区域的雾霾污染强度不同，实际减排方面存在显著的差异。

表 3-4 全国和三大区域雾霾污染强度的 σ 系数

年份	全国	东部	中部	西部	年份	全国	东部	中部	西部
2001	0.580	0.588	0.450	0.459	2008	0.544	0.621	0.398	0.386
2002	0.572	0.594	0.394	0.456	2009	0.550	0.594	0.397	0.396
2003	0.566	0.602	0.404	0.432	2010	0.542	0.587	0.401	0.412
2004	0.551	0.595	0.388	0.419	2011	0.540	0.590	0.397	0.403
2005	0.539	0.605	0.376	0.379	2012	0.531	0.626	0.365	0.380
2006	0.528	0.594	0.364	0.393	2013	0.350	0.405	0.207	0.254
2007	0.553	0.630	0.393	0.393	2014	0.334	0.377	0.169	0.262

（二）绝对 β 收敛分析

由于面板数据同时具备截面性质和时间序列数据双重特征，参数估计值容易受到上述两种因素交互作用的影响。因此，本章同时运用固定效应（FE）和随机效应（RE）估计法对全国以及三大地区进行绝对 β 收敛检验。对上述方程

依次进行 Hausman 检验，发现在5%的显著程度下所有模型均拒绝 RE 模型，即所有模型均采用 FE 模型。此外，为了规避模型中存在截面异方差和序列异方差的问题，保证最终结果的稳健性，本章同时借助固定效应（FE）和广义最小二乘法（FGLS）估计法对全国以及三大地区做绝对 β 收敛检验。为消除经济波动带来的影响，分别截取 2001～2005 年、2006～2010 年、2011～2014 年、2001～2014 年四个横截面数据对全国雾霾污染强度进行绝对 β 收敛检验。

表 3-5 为全国层面下绝对 β 收敛检验的结果，在固定效应（FE）和广义最小二乘法（FGLS）估计法下 $\ln H_{i,t}$ 的回归系数分别为-0.065 和-0.039，且在1%的水平下显著，表明全国雾霾污染强度存在绝对 β 收敛的特征，年均收敛速度为0.31%，雾霾污染强度高的省份与雾霾污染强度低的省份之间形成“追赶效应”，由于收敛速度值较小，因此省份间的雾霾污染强度差距在短期内难以消除。此外，由分时间段估计结果可知，2001～2005 年、2006～2010 年、2011～2014 年和 2001～2014 年 $\ln H_{i,t}$ 的回归系数均为负值，收敛速度依次为2.63%、0.20%、28.37%和7.80%。除 2006～2010 年外，其余时段 $\ln H_{i,t}$ 的估计系数均满足10%的显著性水平，说明通过截面数据检验可以进一步证实全国雾霾污染强度绝对 β 收敛的证据。本章认为出现上述现象的原因可能在于，“十五”“十一五”和“十二五”期间我国对能源消费做出了总体规划，加强了能源机制体制改革，进一步优化能源消费结构，对能源消费总量和消费强度进行双向控制，能源消耗强度下降幅度明显，全国在节能减排政策方面达成一定程度的共识，全国范围内雾霾污染强度差异有所减小，但差异在短期内是不会自动消除的。

表 3-5　全国绝对 β 收敛检验

模型及变量	面板数据		横截面数据			
	模型（1）	模型（2）	模型（3）	模型（4）	模型（5）	模型（6）
年份	2001～2014	2001～2014	2001～2005	2006～2010	2011～2014	2001～2014
α	0.298*** （5.907）	0.171*** （8.110）	0.130*** （3.187）	0.011 （0.345）	0.839*** （7.819）	0.224*** （9.806）

续表

模型及变量	面板数据		横截面数据			
	模型（1）	模型（2）	模型（3）	模型（4）	模型（5）	模型（6）
年份	2001~2014	2001~2014	2001~2005	2006~2010	2011~2014	2001~2014
$\ln H_{i,t}$	-0.065*** (-4.852)	-0.039*** (-7.677)	-0.025** (-2.109)	-0.002 (-0.254)	-0.191*** (-6.795)	-0.049*** (-7.382)
R^2	0.487	0.132	0.137	0.002	0.623	0.661
F 统计值	11.366***	58.954***	4.452**	0.065	46.175***	54.496***
D-W 统计值	1.548	1.993	1.056	0.923	1.501	1.984
估计方法	FE	FGLS	OLS	OLS	OLS	OLS
是否收敛	是	是	是	是	是	是
是否显著	是	是	是	否	是	是
收敛速度（%）	0.52	0.31	0.63	0.05	7.07	0.39

注：***、**和*分别表示在1%、5%和10%水平上显著。

表3-6为区域层面下绝对β收敛检验的结果，在固定效应（FE）和广义最小二乘法（FGLS）估计法下东部、中部和西部地区$\ln H_{i,t}$的回归系数均显著为负，表明东部、中部和西部地区的雾霾污染强度均存在绝对β收敛的特征，区域内部节能减排意识高度一致，各子单元齐心协力、互惠互助，雾霾污染强度在未来会自动趋向于稳态收敛水平，但当前需要宏观政策的持续干预。在FGLS估计法下，假定研究区域存在相同的环境规制、经济产出、能源效率以及产业结构等诸多条件时，中部地区的收敛速度最快（0.76%），远高于全国的0.31%；西部地区次之（0.28%）；东部地区最慢，仅为0.22%，其原因可能在于中部地区省份空间分布较为集中，地域跨度远小于东部和西部地区。由综合绝对β收敛结果可知，全国和三大地区的雾霾污染强度均满足绝对β收敛的条件，但是收敛速度值相对较小，介于0.22%~0.76%，收敛趋势有待进一步加强。

表 3-6　区域绝对 β 收敛检验

模型及变量	东部		中部		西部	
	模型（1）	模型（2）	模型（3）	模型（4）	模型（5）	模型（6）
α	1.137*** (5.509)	0.141*** (3.480)	0.716*** (2.895)	0.417*** (11.872)	0.768*** (3.125)	0.152*** (3.258)
$\ln H_{i,t}$	-0.282*** (-5.299)	-0.028*** (-2.713)	-0.168*** (-2.665)	-0.094*** (-10.193)	-0.204*** (-2.872)	-0.036*** (-2.657)
R^2	0.201	0.050	0.141	0.517	0.080	0.047
F 统计值	2.988***	7.433***	1.946*	109.267***	1.030	6.939***
D-W 统计值	2.436	2.180	2.252	1.651	0.424	1.926
模型估计	FE	FGLS	FE	FGLS	FE	FGLS
是否收敛	是	是	是	是	是	是
是否显著	是	是	是	是	是	是
收敛速度（%）	2.55	0.22	1.41	0.76	1.76	0.28

注：***、**和*分别表示在1%、5%和10%水平上显著。

（三）俱乐部收敛分析

为了进一步验证雾霾污染强度存在区域收敛的证据，此处引入虚拟变量 D_1、D_2 以及 2001~2014 年 30 个省份的雾霾污染面板数据对俱乐部收敛模型进行估计。由表 3-7 可知，在俱乐部Ⅰ内，$\ln H_{i,t}$ 的回归系数为负值（-0.045），通过 1%的显著性水平，表示东部地区存在区内收敛；在俱乐部Ⅱ内，虚拟变量 D_1 和交叉变量 $D_1 \times \ln H_{i,t}$ 的估计系数在 1%的水平下显著，表示中部地区存在收敛迹象；在俱乐部Ⅲ内，虚拟变量 D_2 和交叉变量 $D_2 \times \ln H_{i,t}$ 的回归系数均通过 1%的显著性检验，表示西部地区存在区内收敛。以上分析表明，雾霾污染强度同样存在俱乐部收敛现象，区域内部在推行节能减排政策和保护生态环境方面达成共识，雾霾污染强度趋向于稳态收敛，未来会自动处于一个稳态水平，收敛速度从高至低依次为中部（0.56%）、西部（0.36%）和东部（0.35%），与上述研究结果较为一致。

表 3-7 俱乐部收敛分析

变量	系数	标准误	统计量 T	P 值
α	0.218***	0.041	5.354	0.000
D_1	0.287***	0.067	4.031	0.000
D_2	0.162***	0.053	3.027	0.003
$\ln H_{i,t}$	-0.045***	0.010	-4.379	0.000
$D_1 \times \ln H_{i,t}$	-0.070***	0.017	-4.185	0.000
$D_2 \times \ln H_{i,t}$	-0.046***	0.014	-3.233	0.001

注：***、**和*分别表示在1%、5%和10%水平上显著。

（四）条件β收敛分析

同理，考虑到固定效应模型（FE）无法有效解决模型中可能存在的截面异方差和序列异方差问题，此处借助广义最小二乘法（FGLS）进行条件β收敛检验，同时为了保证回归结果的稳健性，消除经济波动与经济周期带来的影响，分别截取2001~2005年、2006~2010年、2011~2014年和2001~2014年四个横截面数据对全国雾霾污染强度进行条件β收敛检验。

表3-8为全国条件β收敛的估计结果。从全国层面来看，在固定效应（FE）和广义最小二乘法（FGLS）估计法下$\ln H_{i,t}$的回归系数依次为-0.296和-0.189，且满足1%的显著性水平，说明在全国范围内存在条件β收敛，其中雾霾动态累积、能源效率、机动车辆及环境规制等控制变量通过检验，表明以上四个变量对全国雾霾污染强度的收敛具有显著影响，而产出水平、产业结构、城市供暖和城镇化水平等控制变量对全国雾霾污染强度收敛的影响还不显著。估计结果显示：雾霾动态累积（$\ln H_{i,t-1}$）的弹性系数为正值（0.152），并且通过1%的显著性水平，表明我国雾霾污染具有动态累积效应，路径依赖现象明显，加剧了对未来大气环境质量的恶化，若大气环境质量恶化在短期内无法得到及时解决，必然会带来长期的负面环境效应。能源效率（ET）的估计系数为-0.050，且在1%的水平上显著为负，说明技术进步特别是能源领域的技术进步能够在一定程度上缓解雾霾污染。值得关注的是该系数值较小，其

原因在于随着我国工业化进程的不断推进，能源消耗主要锁定碳密集化石燃料的现状在短期内难以得到改变，加之我国低碳技术水平相对较低，以对国外技术模仿为主，缺乏自主创新性，致使科技力量在减碳过程中的作用并不凸显。机动车辆（*VEHI*）的弹性系数为0.743，并且满足1%的显著性检验，即人均机动车辆平均增加1%，将导致雾霾污染强度平均提升0.743%左右。这与国内学者冷艳丽和杜思正（2016）的研究结论较为一致，即汽车尾气排放是我国形成雾霾天气的一个重要因素，随着交通设施的逐步完善，加之居民生活水平的提升，机动车辆已是居民日常生活不可或缺的出行工具之一。环境规制（*FER*）对雾霾污染强度收敛性具有负向影响，回归系数为-9.825，且在1%显著性水平下显著，其原因在于环境污染存在负外部性特征，需要政府颁布和推行相关政策对企业经济活动进行宏观调控，有效的环境规制能够促进企业产业结构的变革，加速绿色产业链的构建，提升企业的经济效应和环保效应，对雾霾污染的治理具有立竿见影的效果。产出水平（*LGDP*）回归系数为-0.006，在10%的水平上还不显著。产生该现象的原因在于，当经济发展处于高水平时，收入满足某一临界值之后进一步的收入增长将有助于缓解污染程度，进一步改善生态环境（马丽梅和张晓，2014），说明地方经济的发展可以驱动居民生活质量的提升，与此同时，居民对生态环境质量的诉求也有所提高，但由于地区经济发展差异较大，居民生活质量也各有差异，我国整体的人均产出水平还未达到该临界值。产业结构（*STRU*）回归系数为0.022，表明工业比重的提高不利于雾霾污染强度的收敛，但在10%显著性水平下不显著，其原因可能为：传统工业必然是以高能耗、高排放和高污染为代价的，在技术难以形成突破和环境约束的前提下，我国开始走新型工业化道路，坚持以信息化推动工业化，以工业化反哺信息化，在提升科技水平、增加经济效益和减缓资源消耗等方面均卓有成效，从而在一定程度上缓解了对环境污染的影响。城镇化水平（*URBA*）的回归系数为0.024，反映了全国范围内城镇化水平的提升不利于雾霾污染强度的收敛，但其在10%的水平上不显著，究其原因可能在于：近年来我国大力推动新型城镇化建设，以适用、经济、绿色和美观为指导方针，积极建设绿色城市，全方位提升城市的内在品质，工业污染和生活污染的排放得到缓解，城市生态环境压力有所减小。城市供暖（*HEAT*）的回归系数均为正值，但未满足10%的显著水平，本章认为产生这种现象的原因在于：虽然城市供暖消耗一定的能源，但城市供暖具有区域性、季节性的特征，产生的污染远不及工业发展和机动车辆增长，并不是产生雾霾的直接因素。

表3-8 全国条件β收敛检验

模型及变量	面板数据		横截面数据			
	模型（1）	模型（2）	模型（3）	模型（4）	模型（5）	模型（6）
	2001~2014年	2001~2014年	2001~2005年	2006~2010年	2011~2014年	2001~2014年
α	0.239*** (3.145)	0.189*** (5.995)	0.062 (0.818)	0.012 (0.205)	0.789*** (4.453)	0.166*** (5.623)
$\ln H_{i,t}$	-0.296*** (-4.919)	-0.189*** (-7.463)	0.074 (0.582)	-0.040 (-0.791)	-0.196*** (-8.334)	-0.094* (-1.895)
$\ln H_{i,t-1}$	0.240*** (4.037)	0.152*** (6.170)	-0.085 (-0.704)	0.033 (0.676)	-0.015 (-0.629)	0.044 (0.927)
ET	-0.057* (-1.749)	-0.050*** (-3.306)	-0.022 (-0.474)	0.133 (0.479)	-0.095* (-2.051)	-0.010 (-0.553)
VEHI	0.340 (0.670)	0.743*** (3.525)	-1.124 (-1.004)	-0.314 (-0.819)	1.591** (2.657)	0.897* (2.063)
FER	-21.547** (-2.242)	-9.825*** (-2.674)	-5.569 (-0.893)	-4.227 (-0.639)	-141.587*** (-2.850)	-5.564** (-2.297)
PGDP	-0.022 (-1.574)	-0.006 (-1.224)	-0.027 (-0.781)	0.002 (0.114)	-0.017 (-0.742)	-0.020 (-1.511)
STRU	0.109 (0.913)	0.022 (0.493)	-0.069 (-0.460)	-0.017 (0.037)	0.473** (2.434)	0.192*** (3.303)
HEAT	0.003 (0.880)	0.008 (0.863)	0.012 (0.534)	0.001 (0.037)	0.060* (1.856)	0.014 (1.672)
URBA	0.220* (1.926)	0.024 (0.521)	0.274* (2.024)	0.069 (0.621)	0.005 (0.017)	-0.007 (-0.137)
R^2	0.520	0.208	0.327	0.283	0.878	0.872
F统计值	9.995***	11.092***	1.079	0.875	15.955***	15.180***

续表

模型及变量	面板数据		横截面数据			
	模型（1）	模型（2）	模型（3）	模型（4）	模型（5）	模型（6）
	2001~2014年	2001~2014年	2001~2005年	2006~2010年	2011~2014年	2001~2014年
D-W统计值	1.562	1.947	1.454	1.507	1.783	1.960
是否收敛	是	是	否	是	是	是
模型估计	FE	FGLS	OLS	OLS	OLS	OLS
是否显著	是	是	否	否	是	是
收敛速度（%）	2.70	1.61	—	1.02	5.45	0.76

注：***、**和*分别表示在1%、5%和10%水平上显著。

表3-9和表3-10为区域条件β收敛的估计结果。从区域层面来看，三大地区的$\ln H_{i,t}$系数均为负值，且在1%的水平下显著，表明东部、中部和西部地区的雾霾污染强度存在条件β收敛。值得关注的是，西部地区的收敛速度仅为1.07%，低于全国、东部、中部地区的收敛速度，其原因可能在于西部地区各省份之间的区位条件、产业结构、经济发展水平、政治文化等要素大相径庭，区域内部的能源利用效率差异较大，从而导致地区雾霾污染强度的收敛速度较低。由于各区域的环境污染驱动因素差异较大，在实际治理中需要因地制宜、对症下药。三大区域雾霾动态累积（$\ln H_{i,t-1}$）的弹性系数依次为0.386、0.295和0.100，且在10%的水平下显著，表明雾霾污染在三大区域也同样存在动态累积效应，不利于雾霾污染强度的收敛，路径依赖现象从东部至中西部逐渐减弱，与地区经济发展水平高度一致。能源效率（*ET*）指标在三大区域中的回归系数均为负值，东部和中部地区均满足5%的显著性水平，表明能源领域的技术进步在一定程度上能够缓解雾霾污染，该变量在西部地区的估计系数为负，但不显著，本章认为其原因可能在于西部地区经济相对落后，当前仍以经济发展为中心，对低碳技术的投入较少，抑制了能源效率的提升。机动车辆（*VEHI*）指标仅在东部地区通过了显著性检验，其原因可能在于东部地区以平原为主，地势平坦，交通网络四通八达，加之居民对交通出行的便利程度也随之增长，民用汽车和载客汽车保有量远高于中西部地区，是东部地区出现

雾霾的重要诱因，不利于雾霾污染强度的收敛。东部和中部地区的产出水平（*PGDP*）回归系数符号有所差别。具体来说，东部地区的估计系数为-0.014，而中部地区的估计系数为0.089，本章认为其原因可能为东部地区经济发展水平较高，居民更加注重生活环境和质量，居民水平的提升加强了对居住环境质量的要求；而中部地区仍以经济发展为中心，产出水平的提升刺激了生产的积极性，加剧了对资源的投入和消耗，导致经济活动附属产品（污染物排放）的增加，增加了地区生态环境的压力。环境规制（*FER*）指标在三大地区均通过10%的显著性检验，但地区符号有所差别。中西部地区回归系数显著为负，表明政府加大对环境治理的投资力度有助于改善区域的环境质量，对区域的雾霾排放增量产生显著的抑制作用。中部地区的规制力度远大于西部地区，究其原因在于产业转移的后遗症，中部地区较大程度承担了东部地区产业的内迁。东部地区回归系数显著为正，本章认为出现该现象的原因可能在于东部地区依旧是重工业密集之地，当环境规制成本低于企业投资成本时，部分企业为了追逐利益最大化，宁愿扩大生产规模来弥补治污成本，从而不利于区域雾霾污染的收敛。产业结构（*STRU*）指标仅在东部地区满足5%的显著性水平，其原因为东部地区工业最为发达，与中西部地区相比其能源消耗和废气排放较多，是形成雾霾天气的主要原因。虽然产业结构的调整和优化有利于雾霾污染强度收敛，但产业结构调整具有长期性的特征，在短期内调整难度较大。城市供暖（*HEAT*）和城镇化水平（*URBA*）指标在三大区域均未满足10%的显著性水平，值得一提的是东、中部地区城镇化水平回归系数为负值，与西部地区相反。本章认为产生这种现象的原因在于东中部地区经济发展水平和城镇化水平远高于西部地区，高密度的人口集聚使得能源利用逐步呈现集约化和高效化，在市场、经济、资源和就业等方面存在“盆地效应”，其居民对生态环境的要求往往高于西部地区，从而有助于降低环境的污染①。

① 大城市的社会资源优势显著，对流动人口具有明显吸引力，加之部分流动人员观念上的与时俱进，与居住环境的文化相互融合，不再频繁流动，积极融入大城市中，致使大城市人口流动出现盆地聚集效应。

表 3-9　区域条件 β 收敛检验

模型及变量	东部		中部		西部	
	模型（1）	模型（2）	模型（3）	模型（4）	模型（5）	模型（6）
α	0.146 (1.439)	0.381*** (3.773)	1.049*** (4.079)	0.996*** (7.039)	0.282 (1.442)	0.242** (2.149)
$\ln H_{i,t}$	-0.285*** (-3.279)	-0.468*** (-6.986)	-0.220** (-2.278)	-0.441*** (-4.665)	-0.138 (-1.494)	-0.130** (-2.581)
$\ln H_{i,t-1}$	0.223** (2.614)	0.386*** (5.783)	0.083 (0.860)	0.295*** (2.916)	0.085 (0.911)	0.100* (1.931)
ET	-0.032 (-0.713)	-0.124** (-2.068)	-0.071 (-1.032)	-0.111*** (-3.419)	-0.022 (-0.290)	-0.016 (-0.371)
VEHI	0.988** (2.301)	1.819*** (4.626)	-0.255 (-0.135)	0.397 (0.497)	2.233 (1.165)	-0.740 (-0.726)
FER	-12.334 (-0.972)	16.893*** (2.619)	0.367 (0.020)	-29.081*** (-2.915)	-11.229 (-0.707)	-12.202*** (-1.739)
PGDP	-0.023* (-2.820)	-0.014*** (-2.820)	0.089* (1.874)	0.065 (1.432)	-0.044 (-1.200)	-0.002 (-0.085)
STRU	0.287*** (3.020)	0.219*** (3.739)	-0.654** (-2.042)	-0.320 (-1.065)	-0.159 (-0.367)	-0.370 (1.530)
HEAT	0.021 (0.642)	-0.052 (-1.581)	0.027 (0.857)	0.015 (0.940)	0.002 (0.040)	0.003 (0.126)
URBA	0.125 (1.299)	-0.001 (-0.004)	-0.558 (-1.627)	-0.474 (-1.492)	0.160 (0.423)	0.282 (1.381)
R^2	0.737	0.280	0.248	0.276	0.685	0.152
F 值	16.137***	5.753***	3.439***	3.989***	12.537***	2.658***
D-W 值	1.803	2.027	2.065	2.091	2.081	1.767
估计模型	FE	FGLS	FE	FGLS	FE	FGLS
是否收敛	是	是	是	是	是	是
是否显著	是	是	是	是	否	是
收敛速度（%）	2.58	4.85	1.91	4.47	1.14	1.07

注：***、**和*分别表示在 1%、5%和 10%水平上显著。

表 3-10　三大区域各变量显著性结果

	雾霾动态累积	能源效率	机动车辆	环境规制	产出水平	产业结构	城市供暖	城镇化水平
存在条件 β 收敛，指标显著	▲■●	▲■	▲	▲■●	▲	▲	—	—
存在条件 β 收敛，指标不显著	—	●	■●	—	■●	■●	▲■●	▲■●

注：▲代表东部；■代表中部；●代表西部。

四、研究结论

本章借助泰尔指数测算及其分解方法对 2001～2014 年我国雾霾污染强度的地区差异进行测算和分解，同时借鉴经济增长中的收敛方法，构建了雾霾污染强度收敛模型，对我国雾霾污染强度的区域差异进行了收敛性检验。基于上述分析，本章主要得出以下结论：

第一，我国各省份雾霾污染程度分布不均衡，省际差异较大。三大区域历年的 PM2.5 浓度值呈现逐年增长态势，PM2.5 浓度值由高至低依次为中部、东部和西部地区。中部地区历年 PM2.5 浓度值和其占全国比重均略高于东部地区，究其原因在于区域间的产业结构调整以及不合理的绩效考核标准。

第二，我国雾霾污染强度泰尔指数大致呈现波动下降的发展态势，对历年泰尔指数增长率的变动情况进行分析，发现我国雾霾污染差异在 2001～2014 年大致呈现衰减的发展态势，排放差异在“十一五”期间才开始逐年走低，但泰尔指数在 2009 年以后有所回升，表明近年来我国雾霾污染差异存在一定的反弹势头。我国雾霾污染强度表现出明显的区域差异特征，东部地区的泰尔指数最高，西部地区次之，中部地区最低，并且区内差异的贡献率远大于区间差异的贡献率。三大区域内部发展的非均衡是我国雾霾污染强度产生差异的主

要动因。

第三，从总体层面来看，全国雾霾污染强度存在 σ 收敛和 β 收敛特征，雾霾动态累积效应、能源效率、机动车辆和环境规制等控制变量对全国雾霾污染强度的收敛具有显著影响。从区域层面来看，三大地区存在 σ 收敛、β 收敛和俱乐部收敛，但不同地区所具有的收敛特征大相径庭，控制变量显著程度不尽相同。无论是全国层面还是区域层面，雾霾污染均存在动态累积效应，路径依赖现象从东部至中西部逐渐减弱，与地区经济发展水平高度一致。

第四章 城镇化对我国雾霾污染治理的影响研究

城市是雾霾污染发生的主阵地，而快速的城镇化进程所产生的副产品是当前我国雾霾污染事件频发的核心所在，因此，合理管控二者关系是实现有效控制雾霾污染的必由之路。本章主要着眼于城镇化的人口城镇化效应、土地城镇化效应和产业城镇化效应，并利用中介效应方法实证检验了不同的城镇化效应对雾霾污染治理的作用路径。治理雾霾污染应结合我国国情和雾霾污染的空间分布特征，需要统筹处理城镇化与雾霾污染治理之间的关系，通过合理推进城镇化进程，使其对雾霾污染治理发挥出应有的作用。

一、研究假设

根据前面关于城镇化对雾霾污染的作用机理，本章提出以下研究假设：

假设 1：人口城镇化不仅会直接影响城镇雾霾污染，而且还会通过促进房地产投资开发、推动基础设施建设和加剧城镇交通压力间接地影响雾霾污染。

假设 2：土地城镇化不仅会直接影响城镇雾霾污染，而且还会通过改变土地利用模式间接影响雾霾污染。

假设 3：产业城镇化不仅会直接影响城镇雾霾污染，而且也会通过提高煤炭等化石能源消耗量和恶化能源消耗结构间接影响雾霾污染。

二、城镇化对雾霾污染治理影响的实证分析

本章实证分析的思想如下：基于不同维度城镇化水平的测量标准和数据，首先利用面板数据模型对假设 1、假设 2 和假设 3 进行检验，即考察不同维度的城镇化水平影响雾霾污染治理的直接效应和间接效应；其次结合我国国情来验证可能存在的不同维度间城镇化效应的协调互动对雾霾污染影响的特殊机制，同时对本章结论的稳健性做出必要的检验，进一步明晰城镇化对雾霾污染的影响路径。

（一）模型构建和变量说明

1. 模型构建

基于数据的可得性和研究样本的匹配性与可比性，本章重点考察的是直辖市和省会城市层面城镇化对雾霾污染治理的影响途径，因此，在实证分析中需要建立面板数据模型。同时考虑到异方差可能对模型所产生的影响，本章对各变量进行了对数处理，最终形成模型（4-1）、模型（4-2）和模型（4-3），其基本估计方程如下：

$$\ln F_{it}=\beta_0+\beta_1\ln PURB_{it}+\varepsilon\ln X+u_i+b_t+\varepsilon_{it} \tag{4-1}$$

$$\ln F_{it}=\beta_0+\beta_1\ln LURB_{it}+\varepsilon\ln X+u_i+b_t+\varepsilon_{it} \tag{4-2}$$

$$\ln F_{it}=\beta_0+\beta_1\ln IURB_{it}+\varepsilon\ln X+u_i+b_t+\varepsilon_{it} \tag{4-3}$$

其中，F_{it} 为被解释变量，表示地区 i 在第 t 年的雾霾污染浓度；$PURB_{it}$、$LURB_{it}$ 和 $IURB_{it}$ 为本章的核心解释变量，分别代表地区 i 在第 t 年的人口城镇化水平、土地城镇化水平和产业城镇化水平；X 为一系列控制变量的集合，主要包括独立于城镇化水平而对雾霾污染产生影响的若干变量；u_i 为地区因素；b_t 为时间因素；ε_{it} 为残差。

根据城镇化对雾霾污染治理作用的机理分析可知，不同的城镇化效应对雾霾污染治理的作用路径并不相同。因此，本章利用中介效应的方法把城市房地产投资额占比、交通压力、城市建设用地面积占比和原煤消耗量加以量化，设定为中介变量，分别纳入上述模型中，以考察城镇化对雾霾污染治理的具体作用路径。中介效应的检验步骤如下：第一，去除中介变量，核心解释变量对被解释变量要具有显著性影响；第二，要满足核心解释变量对中介变量具有显著性影响；第三，加入所有变量后，要满足中介变量对被解释变量的影响显著，同时核心解释变量对被解释变量影响程度下降或者不显著（Muller 等，2005）。

2. 变量说明

（1）被解释变量。雾霾污染程度（*F*），本章借鉴王书斌等（2015）衡量雾霾污染程度的指标采取我国 30 个主要城市的 PM10 年均浓度数据[①]来代表雾霾污染程度，其可信度较高，并且数据的时期跨度和时效性更强。

（2）核心解释变量。

1）人口城镇化效应（*PURB*）。按照机理分析，人口城镇化对雾霾污染既有直接效应，又有间接效应，其实质是乡村人口向城镇地区的空间集聚，因此，人口城镇化效应包含人口属性的变化和人员从业结构的改变，是一个综合性指标。本章借鉴郭付友等（2015）的衡量方法选取城市人口密度、第二产业就业人口比重、第三产业人口就业比重和市辖区非农业人口占比等综合指标来反映人口城镇化效应。

2）土地城镇化效应（*LURB*）。土地城镇化最为直观的表现形式就是城市蔓延，因此，本章选取各城市建成区面积来表征土地城镇化效应。

3）产业城镇化效应（*IURB*）。制造业内部结构对雾霾的产生有着更为至关重要的影响，一地区高污染产业的规模越大，主导产业越是偏向于高污染重化工业，其对雾霾产生的影响也越大，越不利于雾霾天气的治理。因此，本章基于烟粉尘排放量、二氧化硫排放量和氮氧化物排放量来综合选取了八大高污染行业[②]，以

---

① 需要特别说明的是，中国部分城市从近几年才开始统计 PM2.5 数据，又由于 PM10 包括 PM2.5，也是雾霾重要的组成部分，同时，考虑到相关文献采用 NASA 发布的 PM2.5 数据，本部分特将此数据与同期 PM10 数据对比，二者的走势基本一致，并不会改变本部分的结论。

② 八大高污染行业为：化学原料和化学制品制造业，非金属矿物制品业，黑色金属冶炼及压延加工业，电力、热力的生产与供应业，石油加工、炼焦和核燃料加工业，煤炭开采和洗选业，有色金属冶炼及压延加工业和造纸及纸制品业。

八大行业产值占比来表征各城市产业城镇化效应对雾霾污染的影响。

（3）中介变量。

1）城市房地产投资额占比（*HS*）。城镇人口的增加会直接增加对城镇住房的需求，进一步地，房地产投资规模增大，配套的基础设施建设也会同步进行，进而产生的建筑扬尘会对城市雾霾天气有着重要的影响。因此，本章选取各城市房地产投资占固定资产总值的比例作为中介变量来考察人口城镇化效应的第一个路径。

2）交通压力（*TR*）。伴随着人口的增加，城镇人口对交通的需求逐渐增大，机动车拥有量在短期内爆发性的增长必将排放大量的尾气，是大城市形成雾霾的重要推动力。因此，本章借鉴马丽梅等（2016）衡量交通因素的方法，采取各城市机动车拥有量与城市道路面积之比表示城市交通所面临的压力，以此考察人口城镇化效应的第二个路径。

3）城市建设用地面积占比（*CLS*）。伴随着土地城镇化的推进，加之地方政府推动地区经济发展的盲目性，大城市城市建成区面积急剧扩张，城市建设用地面积的无序蔓延必将改变土地利用模式，进而影响到城市的雾霾污染。因此，本章选取各城市建设用地面积占比作为中介变量来考察土地城镇化效应可能对雾霾污染所产生的影响。

4）能源消耗结构（*ECS*）。由于我国能源消耗结构的突出特征是煤炭占比过高，煤在燃烧过程中会产生烟气、尘粒等环境污染物，烟尘能够降低大气的能见度，是雾霾天气形成的重要原因，因此，基于前述机理分析，本章选取各城市原煤消耗量作为中介变量来表示产业城镇化效应对雾霾污染的影响路径。

（4）控制变量。

1）经济增长率（*EI*）。地区经济增长越快，对能源等各种生产要素的消耗量越大，对雾霾污染的影响也越强，因此，本章选取各城市经济增长率作为控制变量。

2）技术进步（*TP*）。本章采用各主要城市的环境全要素生产率来代表技术进步水平。其基本思想是利用数据包络分析法得出基于 Malmquist 生产率指数的 2003~2014 年技术进步率的面板数据作为技术进步的代理指标，其中劳动投入采用年末从业人员数，资本投入采用各主要城市的资本存量，资本存量是用永续盘存法估计得到，分省会城市折旧率取值为10.96%，能源投入采用各主要城市的原煤消耗量；而产出数据采用的是各主要城市的GDP和烟粉尘排放量。

3）环境规制（*ER*）。不同的环境规制强度对城市雾霾污染产生不同的影响，因此，本章借鉴朱平芳等（2011）的思路来构建环境规制指标，其基本思路是通过构建不同的污染物排放强度来表征一个地区环境规制的努力程度，又考虑到本章考察的是雾霾污染程度，所以选取和雾霾污染关系较大的工业二氧化硫排放量和工业烟粉尘排放量来重点考察，同时再对最终形成的综合指数进行逆处理。

4）工业烟粉尘排放量（*ISDE*）。由于烟粉尘排放量与雾霾天气的产生存在至关重要的关系，所以，本章选取各主要城市的工业烟粉尘排放量作为控制变量。

5）工业废弃物综合利用率（*IWCU*）。废弃物的处理模式对雾霾天的形成也有着相当重要的影响。工业废弃物的综合利用率越高，越有利于雾霾防控；否则废弃物直接堆放在地面上，其产生的有害物质势必会直接进入大气中。因此，本章选取各主要城市的工业废弃物综合利用率来作为控制变量。

6）降水量（*W*）。考虑到降水量对雾霾污染的影响，本章选取各主要城市的年降水总量作为控制变量。

（二）样本选择与数据来源

本章选取我国除拉萨之外的30个直辖市和省会城市为研究对象，研究时期为2003~2014年，各主要城市的雾霾污染浓度、年降水总量和经济增长率来源于历年的《中国统计年鉴》；各主要城市的原煤消耗量、高污染产业产值占比、机动车拥有量和城市道路面积等数据来源于各主要城市的历年统计年鉴，并经计算整理所得；工业烟粉尘排放量、工业二氧化硫排放量、工业废弃物综合利用率、城市建设用地面积占比、城市建成区面积、房地产投资、固定资产投资、第二产业就业人口、第三产业就业人口和市辖区非农业人口等数据

来源于历年的《中国城市统计年鉴》《中国环境统计年鉴》和《中国人口和就业统计年鉴》。其中，相关现价数据已经按照2003年不变价进行了平减处理。

三、实证研究与结果分析

（一）描述性统计分析

本章对包括被解释变量、核心解释变量、中介变量和控制变量的所有变量进行描述性统计，结果如表4-1所示。表4-1中主要变量的描述性统计结果表明，各变量的样本均值和样本中位数相差不大，并不存在明显的偏态分布。

表4-1 主要变量的描述性统计（全国层面）

区域	全国					
变量	样本数	极大值	极小值	平均值	中位数	标准差
F	360	0.305	0.030	0.106	0.104	0.031
PURB	360	1.309	0.349	0.661	0.663	0.158
LURB	360	1.386	0.043	0.370	0.292	0.278
IURB	360	0.868	0.050	0.386	0.330	0.193
HS	360	0.692	0.121	0.330	0.324	0.106
TR	360	5.657	0.331	2.005	1.705	1.110
CLS	360	97.180	2.240	15.276	11.470	12.526
ECS	360	5818.760	1.602	1788.747	1373.770	1422.039
EI	360	26.600	3.800	13.102	13.135	3.091
TP	360	1.078	1.002	1.037	1.035	0.129
ISDE	360	387890.000	68.000	65560.230	51409.000	59739.250
IWCU	360	100.000	18.000	83.698	91.540	18.227
ER	360	1.574	0.001	0.041	0.015	0.133
W	360	2628.200	74.900	882.508	792.600	496.022

（二）实证研究与结果分析

为了详细探讨城镇化效应对雾霾污染的影响机制及其路径，接下来主要利用中介效应的面板数据模型进行实证检验。同时由于本章分别探讨人口城镇化、土地城镇化和产业城镇化效应对雾霾污染治理的影响机制和有效路径，所以，在逐步研究不同维度的城镇化效应对雾霾污染治理影响的机制和路径时，剩余两个效应的中介变量必须纳入前一模型的控制变量中，以确保能够科学准确地得出人口城镇化效应对雾霾污染治理的机制和路径。此外，在面板数据模型中，首先要通过 Hausman 检验来选择固定效应模型和随机效应模型，经检验本章适合采用固定效应回归模型①。其次为缓解异方差性，本章在回归之前对各变量均进行了取对数处理。

由于本章着重分析城镇化对雾霾污染治理影响机制和路径的区域异质性、规模异质性和阶段异质性，因此，本章将通过东部（*FD*）、中部（*FZ*）、西部（*FW*）、南部（*FN*）、北部（*FB*）、高雾霾污染区域（*FG*）、低雾霾污染区域（*FX*）、前期雾霾污染（*F*1）和近期雾霾污染（*F*2）等表征人口城镇化效应对雾霾污染影响机制和路径的异质性。其中，由于东北区域的样本较少，所以根据经济发展水平和地理位置特将沈阳归入东部地区，长春和哈尔滨归入中部地区，而区域污染程度划分的标准是根据 2003~2014 年的年均 PM10 浓度高低来确定的，年均 PM10 浓度大于 $100\mu g/m^3$ 的城市为高雾霾污染区域，小于 $100\mu g/m^3$ 的为低雾霾污染区域，这样划分的结果是当前我国处于高雾霾污染区域的主要直辖市和省会城市多达 20 个，占总量的 66.67%，而处于低雾霾污染区域的仅为 10 个，这也从侧面看出我国雾霾污染形势的严峻性。此外，本章所指的前期雾霾污染阶段是 2003~2008 年，而后期雾霾污染阶段是 2009~2014 年。

1. 人口城镇化效应与雾霾污染

（1）人口城镇化效应对雾霾污染影响的全国层面实证结果如表 4-2 是所

① 为检验模型的多重共线性问题，本部分已对面板模型的各个变量进行方差膨胀因子检验，结果表明模型并不存在严重的多重共线性。

示。首先，着眼于全国层面，在未加入中介变量之前，人口城镇化效应对雾霾污染有着显著的影响，系数估计值为 0.177（t=3.935）；在加入中介变量之后，其影响程度有所下降，但显著性依然较强，说明城镇人口的急剧增加的确加剧了我国的雾霾污染。其次，还可以发现人口城镇化的确对城镇房地产投资规模和交通压力产生了显著的促进效应，其系数估计值分别为 0.371（t=5.062）和 0.585（t=5.617）。最终在加入核心解释变量和中介变量之后，发现城镇房地产投资规模对我国整体雾霾污染影响并不显著，这可能是因为近年来我国一部分城市在房地产投资的过程中逐渐开始重视对扬尘的处理，并取得了一定的成效，造成房地产投资在整体层面上不能够显著影响雾霾污染。同时交通压力对雾霾污染具有显著的正向影响，其系数值为 0.060（t=2.630），而此时核心解释变量对被解释变量雾霾污染的影响程度和显著性均有所下降，满足了中介效应的所有条件。因此，在全国层面上，人口城镇化效应能够通过加剧城镇交通压力而显著影响雾霾污染。

表 4-2　人口城镇化效应回归结果（全国）

变量	*F*	*HS*	*TR*	*F*	*F*
PURB	0.177*** (3.935)	0.371*** (5.062)	0.585*** (5.617)	0.161*** (3.450)	0.143*** (3.074)
HS				-0.039 (-1.200)	
TR					0.060*** (2.630)
控制变量与常数项	控制	控制	控制	控制	控制
R^2	0.542	0.192	0.460	0.652	0.658

注：括号内为 t 值，*、**、***分别代表 10%、5%和 1%的显著性水平。囿于篇幅，控制变量和常数项的回归结果未做报告。

（2）人口城镇化效应对雾霾污染影响的区域异质性、规模异质性和阶段异质性特征如表 4-3 所示。从区域角度来看，我国中部地区和北部地区的人口城镇化效应的两条路径均满足中介效应的三个条件，即在我国中部和北部地区，由于城镇人口的增加和人口就业结构的转变，人口城镇化效应能够通过扩大房地产投资规模和加剧交通压力而显著影响雾霾污染；而西部地区仅能够通过扩大房地产投资而影响雾霾污染，交通因素尚不能成为西部地区雾霾污染的主要影响因素；南部地区的人口城镇化效应主要是通过交通压力的加剧而显著影响到雾霾污染的；此外，东部地区的人口城镇化效应对雾霾污染并没有显著影响。究其原因，本章认为人口城镇化之所以对我国雾霾污染的影响表现出明显的区域异质性，主要是由于西部地区的城镇化尚处于起步阶段，城镇人口增加的首要表现就是对住房和基础设施的需求，而住房相对于基础设施来说，更为紧迫和必要。因此，短期内骤然增加的集中性的住房需求和与之相伴而生的基础设施建设必然引起西部地区城市扬尘的爆发性增长，进而显著加剧西部地区的雾霾污染程度。当然在一定程度上，南部地区城镇人口的增加也会导致住房和基础设施需求的阶段性增长，然而由于南部地区气候较为湿润，扬尘本身不容易产生，因此，南部地区人口城镇化并不能通过增大房地产投资规模而显著加剧雾霾污染。东部地区由于城镇化较为成熟，大规模集中性的住房和基础设施需求较少，因此，并不存在人口城镇化效应影响雾霾污染的作用路径。

表 4-3　人口城镇化效应回归结果（分区域）

变量	*FD*	*HSD*	*TRD*	*FD*	*FD*	*FZ*	*HSZ*	*TRZ*
PURB	0.020 (0.320)	0.260** (2.060)	1.570*** (6.140)	0.030 (0.453)	0.011 (0.167)	0.180** (2.470)	0.220* (1.730)	0.300** (2.051)
HS				0.063 (1.070)				
TR					0.010 (0.151)			
控制变量	控制	控制	控制	控制	控制	控制	控制	控制
R^2	0.791	0.711	0.681	0.791	0.791	0.520	0.670	0.832

续表

变量	*FZ*	*FZ*	*FW*	*HSW*	*TRW*	*FW*	*FW*	*FN*
PURB	0.170** (2.261)	0.100 (1.446)	0.710*** (9.600)	0.391** (2.111)	0.581*** (3.331)	0.681*** (9.060)	0.700** (2.001)	0.030** (2.070)
HS	0.035* (1.800)					0.130*** (2.730)		
TR		0.172*** (3.161)					0.030 (0.718)	
控制变量	控制	控制	控制	控制	控制	控制	控制	控制
R^2	0.521	0.572	0.801	0.351	0.581	0.820	0.800	0.740

变量	*HSN*	*TRN*	*FN*	*FN*	*FB*	*HSB*	*TRB*	*FB*	*FB*
PURB	0.240* (1.800)	0.800** (2.070)	0.050 (0.980)	0.021** (2.030)	0.331*** (4.510)	0.6001** (2.017)	0.800*** (5.691)	0.301*** (3.981)	0.291** (2.087)
HS			0.101 (1.201)					0.030** (2.080)	
TR				0.120*** (4.201)					0.061* (1.800)
控制变量	控制	控制	控制	控制	控制	控制	控制	控制	控制
R^2	0.181	0.630	0.741	0.772	0.441	0.471	0.580	0.441	0.441

注：括号内为t值，*、**、***分别表示10%、5%和1%的显著性水平。囿于篇幅，控制变量和常数项的回归结果未做报告。

如表4-4所示，首先从规模的角度来看，人口城镇化效应仅在高雾霾污染区域有着较为显著的直接效应，并且能够通过上述两条路径显著加剧雾霾污染程度，而在低雾霾污染区域并不存在人口城镇化对雾霾污染的直接效应和间接效应，这再次说明人口城镇化效应依然是当前我国雾霾污染加剧的重要原因和机制。其次从阶段异质性的视角来看，发现人口城镇化效应只在前期（2003~2008年）对我国雾霾污染的影响较为显著，并且存在上述加剧雾霾污染的间接效应和作用路径；而在后期（2009~2014年）由于对我国雾霾污染的直接效应不再显著，所以并不存在上述作用路径。这一方面说明我国雾霾污染的空间分布开始呈现出“总体在改善，局部在恶化”的格局；另一方面也说明伴随着城镇人口的持续增加，我国城市管理和规划的能力也在快速提升，人口城镇化效应对雾霾污染的影响逐渐降低。因此，对于未来的雾霾污染治理，严格控制大城市城镇人口的增加未必会收到较好的效果。

表 4-4　人口城镇化效应回归结果（分规模和阶段）

变量	*FG*	*HSG*	*TRG*	*FG*	*FG*	*FX*	*HSX*	*TRX*
PURB	0.300*** (5.810)	0.401** (2.101)	0.401*** (2.600)	0.301*** (5.551)	0.290** (2.208)	0.020 (0.280)	0.101* (1.820)	0.331** (2.530)
HS				0.010 (0.041)				
TR					0.030* (1.800)			
控制变量	控制	控制	控制	控制	控制	控制	控制	控制
R^2	0.321	0.251	0.543	0.321	0.336	0.811	0.462	0.651
变量	*FX*	*FX*	*F*1	*HS*1	*TR*1	*F*1	*F*1	*F*2
PURB	0.010 (0.080)	0.030 (0.561)	0.301*** (5.020)	0.600** (2.100)	0.641** (2.273)	0.291** (2.111)	0.272*** (4.231)	0.011 (0.180)
HS	0.141** (2.152)					0.070* (1.816)		
TR		0.030 (0.740)					0.061** (2.070)	
控制变量	控制	控制	控制	控制	控制	控制	控制	控制
R^2	0.831	0.811	0.711	0.341	0.452	0.721	0.721	0.607
变量	*HS*2	*TR*2	*F*2	*F*2				
PURB	0.020 (0.201)	0.440*** (2.821)	0.024 (0.271)	0.040 (0.504)				
HS			0.093** (2.042)					
TR				0.063* (1.731)				
控制变量	控制	控制	控制	控制				
R^2	0.224	0.262	0.615	0.612				

注：括号内为t值，*、**、***分别表示10%、5%和1%的显著性水平。囿于篇幅，控制变量和常数项的回归结果未做报告。

2. 土地城镇化效应与雾霾污染

（1）土地城镇化效应对雾霾污染影响的全国层面实证结果。为了检验假设 2，厘清土地城镇化效应对雾霾污染的作用机制与路径，我们从全国层面检验土地城镇化效应是否能够通过改变城市建设用地面积占比而显著影响雾霾污染。如表 4-5 所示，着眼于整体层面，土地城镇化效应对我国雾霾污染没有显著影响，进而就不能通过城市建设用地面积的扩张影响雾霾污染，这可能是由于近年来我国土地城镇化进程多以设立经济开发区为主要表现形式，土地的无序蔓延得到初步的有效控制，不再完全是过去那种摊大饼似的无规则的冲动式扩张。因此，土地城镇化效应在全国各地区的表现不再完全一致，进而导致全国层面的土地城镇化效应对雾霾污染并没有显著的促进效应。

表 4-5　土地城镇化效应回归结果（全国）

变量	*F*	*CLS*	*F*
LURB	0.011 (0.331)	0.211* (1.651)	0.010 (0.381)
CLS			0.110*** (6.604)
控制变量与常数项	控制	控制	控制
R^2	0.602	0.383	0.651

注：括号内为 t 值，*、**、*** 分别表示 10%、5%和 1%的显著性水平。囿于篇幅，控制变量和常数项的回归结果未做报告。

（2）土地城镇化效应对雾霾污染影响的区域异质性、规模异质性和阶段异质性特征。如表 4-6 和表 4-7 所示，首先，以区域为视角，可以发现土地城镇化对我国雾霾污染治理的机制和路径仅存在于我国西部和北部地区，而对中部、东部和南部地区并没有显著的促进效应。这一方面可能与我国雾霾污染的空间分布特征有着一定的关系，西部和北部地区是我国雾霾污染最严重的两大区域，其形成的原因和机制往往较为复杂，并且多数地区处于城镇化初级阶段，土地扩张的欲望较强，大规模的城市建设和基础设施的完善对雾霾污染必然有着较强的影响。另一方面中部、东部地区的土地城镇化多数也已经从单纯注重城镇面积扩张过渡到更多地关注产城融合和城市内涵式发展，因而其对雾霾污染的影响变得不再显著。其次，从规模的视角来看，正如所预期的，土地城镇化效应只对高雾霾污染区域有着显著的影响，并且能够通过增加城市建设用地面积而显著影响雾霾污染，而对低雾霾污染区域并没有显著影响，说明土地城镇化效应和人口城镇化效应在影响雾霾污染的规模分布特征层面是一致的。最终着眼于阶段异质性，发现土地城镇化效应只在前期（2003~2008 年）对我国雾霾污染影响较为显著，并且存在上述加剧雾霾污染的间接效应和作用路径，而在后期（2009~2014 年）由于对我国雾霾污染的直接效应不再显著，所以并不存在此类作用路径。这也进一步说明了我国的城镇化进程已开始逐步重视发展城市内涵，对城市的无序蔓延和盲目扩张也着手进行综合管控，并已取得初步的成效。

表 4-6　土地城镇化效应回归结果（分区域）

变量	*FD*	*CLSD*	*FD*	*FZ*	*CLSZ*	*FZ*	*FW*	*CLSW*
LURB	0. 241 (0. 921)	1. 051 *** (5. 099)	0. 221 (0. 901)	0. 011 (0. 122)	0. 681 *** (3. 152)	0. 051 (0. 501)	0. 200 *** (3. 112)	0. 101 * (1. 751)
CLS			0. 011 ** (2. 121)			0. 081 * (1. 745)		
控制变量	控制	控制	控制	控制	控制	控制	控制	控制
R^2	0. 811	0. 792	0. 814	0. 532	0. 832	0. 531	0. 672	0. 671
变量	*FW*	*FN*	*CLSN*	*FN*	*FB*	*CLSB*	*FB*	
LURB	0. 151 *** (2. 792)	0. 081 (1. 531)	0. 401 ** (2. 061)	0. 063 (1. 061)	0. 192 *** (2. 621)	0. 161 * (1. 784)	0. 171 ** (2. 548)	
CLS	0. 241 *** (6. 745)			0. 081 *** (3. 752)			0. 175 *** (5. 534)	
控制变量	控制	控制	控制	控制	控制	控制	控制	
R^2	0. 776	0. 746	0. 489	0. 766	0. 317	0. 644	0. 436	

注：括号内为 t 值，*、**、*** 分别代表 10%、5%和 1%的显著性水平。囿于篇幅，控制变量和常数项的回归结果未做报告。

表 4-7 土地城镇化效应回归结果（分规模和阶段）

变量	*FG*	*CLSG*	*FG*	*FX*	*CLSX*	*FX*
LURB	0.141*** (3.335)	0.256* (1.766)	0.127** (2.213)	0.024 (0.345)	0.576*** (2.985)	0.074 (1.184)
CLS			0.072*** (3.572)			0.086*** (3.086)
控制变量	控制	控制	控制	控制	控制	控制
R^2	0.228	0.505	0.277	0.825	0.753	0.846
变量	*F1*	*CLS1*	*F1*	*F2*	*CLS2*	*F2*
LURB	0.091** (2.314)	0.265 (1.265)	0.063 (0.913)	0.042 (1.215)	0.265* (1.857)	0.023 (0.655)
CLS			0.086*** (3.623)			0.114*** (4.636)
控制变量	控制	控制	控制	控制	控制	控制
R^2	0.675	0.414	0.698	0.576	0.407	0.622

注：括号内为t值，*、**、***分别代表10%、5%和1%的显著性水平。囿于篇幅，控制变量和常数项的回归结果未做报告。

3. 产业城镇化效应与雾霾污染

（1）产业城镇化效应对雾霾污染影响的全国层面实证结果。为了检验假设3，我们从全国层面考察产业城镇化效应对雾霾污染的影响。如表4-8所示，产业城镇化能够显著影响雾霾污染，并且满足中介效应的三个条件，即当前我国产业城镇化进程通过增加燃煤消耗量和恶化能源消耗结构而加剧雾霾污染程度。我国加入世贸组织以后，开始逐步融入全球生产价值链，然而由于我国资源禀赋特征和全球生产工序转移的需要，我国过多地承担了中低端价值链的生产环节，进而造成我国近年来原料产业和重化工业产值规模的逆势上涨，拉动了燃煤消耗量和能源消耗总量的急剧增加，使雾霾污染再次加剧。

表 4-8 产业城镇化效应回归结果（全国）

变量	F	ECS	F
IURB	0.063** (2.236)	0.206** (2.184)	0.051* (1.924)
ECS			0.027** (2.118)
控制变量与常数项	控制	控制	控制
R^2	0.655	0.813	0.653

注：括号内为 t 值，*、**、*** 分别代表 10%、5%和 1%的显著性水平。囿于篇幅，控制变量和常数项的回归结果未做报告。

（2）产业城镇化效应对雾霾污染影响的区域异质性、规模异质性和阶段异质性特征。如表 4-9 和表 4-10 所示，首先从区域角度看，我国东、中、西部产业城镇化效应对雾霾污染均存在显著的影响，并且满足中介效应的三个条件，即东部、中部和西部的高污染行业规模的扩张均会通过增加燃煤消耗量而显著影响雾霾污染，其中由于各地区高污染行业和重化工业的产值规模占比和结构不同，造成各地区影响程度的大小各异，具体表现为西部地区产业城镇化效应对雾霾污染的影响效应最大，东部地区次之，中部地区的影响效应最小。另外，从南北区域角度看，我国南方本身雾霾污染程度远低于北方，且南方冬季无取暖需求，燃煤消耗量相对较低，因此，南部区域产业城镇化效应不能通过加剧燃煤消耗而显著影响雾霾污染；北部区域由于自身的产业结构特征和能源消耗结构，其重化工业和煤炭消耗量的占比均较大，进而产业城镇化效应就自然而然地成为雾霾污染程度较重的主要原因和路径之一。

其次从规模角度看，我国高雾霾污染区域的产业城镇化效应能够通过增加燃煤消耗和能源消耗总量而显著影响雾霾污染，且这种影响效应较强；而低雾霾污染区域的产业城镇化本身对雾霾污染影响较小，不存在产业城镇化对雾霾污染的直接效应。这进一步说明当前我国雾霾污染较重的原因与机制和高污染重化工业的过度发展有着重要的联系，同时由于人口、土地和产业的城镇化效应对我国雾霾污染的影响皆存在于高雾霾污染区域，所以说当前我国城镇人口、土地和产业的扭曲性发展是雾霾污染较为严重且难以根治的重要原因。

从阶段角度看，产业城镇化效应对雾霾污染治理的影响主要表现在前期（2003~2008年），即刚刚加入世贸组织以后，而进入第二阶段以后（2009~2014年），这种影响效应及其作用路径尽管依然存在，然而影响程度却在逐渐减弱。这从侧面反映出我国对治理高污染行业产能过剩和淘汰落后产能的逐渐重视，说明我国并没有屈从于现行国际贸易机制，为了单方面扩大出口规模和GDP的增长而盲目地发展重化工业和高污染行业，同时也可以看出化解高污染产业的产能过剩和促进产业的生态化发展依然是我国治理雾霾污染的主要着力点。

表4-9　产业城镇化效应回归结果（分区域）

变量	*FD*	*ECSD*	*FD*	*FZ*	*ECSZ*	*FZ*	*FW*	*ECSW*
IURB	0.171** (2.391)	0.420** (2.264)	0.160** (2.144)	0.141** (2.445)	0.012** (2.092)	0.133** (2.504)	0.203** (2.179)	0.263** (2.282)
ECS			0.020** (2.111)			0.010** (2.091)		
控制变量	控制	控制	控制	控制	控制	控制	控制	控制
R^2	0.801	0.742	0.801	0.581	0.888	0.586	0.737	0.758

变量	*FW*	*FN*	*ECSN*	*FN*	*FB*	*ECSB*	*FB*
IURB	0.032 (0.563)	0.131** (2.300)	1.463*** (6.463)	0.131** (1.972)	0.143*** (3.900)	0.232** (2.031)	0.111** (2.030)
ECS	0.030** (2.026)			0.010 (0.210)			0.081*** (3.021)
控制变量	控制	控制	控制	控制	控制	控制	控制
R^2	0.733	0.761	0.891	0.762	0.453	0.554	0.473

注：括号内为t值，*、**、*** 分别代表10%、5%和1%的显著性水平。囿于篇幅，控制变量和常数项的回归结果未做报告。

表 4-10 产业城镇化效应回归结果（分规模和阶段）

变量	*FG*	*ECSG*	*FG*	*FX*	*ECSX*	*FX*
IURB	0. 262*** (2. 970)	0. 181* (1. 651)	0. 027 (0. 452)	0. 063 (0. 980)	0. 611*** (4. 182)	0. 084 (0. 770)
ECS			0. 110** (2. 090)			0. 056*** (3. 040)
控制变量	控制	控制	控制	控制	控制	控制
R^2	0. 231	0. 609	0. 252	0. 858	0. 923	0. 869
变量	*F1*	*ECS1*	*F1*	*F2*	*ECS2*	*F2*
IURB	0. 081** (2. 322)	0. 261** (2. 372)	0. 071** (2. 120)	0. 020* (1. 830)	0. 200* (1. 854)	0. 020 (0. 603)
ECS			0. 031** (2. 333)			0. 042* (1. 808)
控制变量	控制	控制	控制	控制	控制	控制
R^2	0. 700	0. 861	0. 701	0. 612	0. 750	0. 621

注：括号内为 t 值，*、**、*** 分别代表 10%、5%和 1%的显著性水平。囿于篇幅，控制变量和常数项的回归结果未做报告。

4. 进一步的讨论

从上述分析中可以进一步看出由于我国政府在城镇化进程中所扮演的特殊角色，加之政绩考核体系对经济发展和 GDP 的过度看重，所以造成地方政府通常关注产业城镇化和土地城镇化而忽视人口城镇化，最终造成人口城镇化滞后于土地城镇化和产业城镇化，尤其是在我国“优先发展重工业”和“户籍人口流动限制”的背景下，部分优先发展重工业的地区本身就无法消化过多的城镇人口，进一步加剧了该地区人口城镇化滞后于产业城镇化的程度。因此，考虑到人口城镇化效应与产业城镇化效应的不协调会加剧雾霾污染的程度，本章拟采取合适的替代变量，利用人口城镇化与产业城镇化的比值来衡量二者之间的不协调程度，以便综合考察影响雾霾污染的深层次原因和机制，由此形成模型（4-4）：

$$\ln F_{it}=\beta_0+\beta_1\ln\frac{PURB_{it}}{IURB_{it}}+\varepsilon\ln X+u_i+b_t+\varepsilon_{it} \tag{4-4}$$

此外，由于研究的需要，此处的人口城镇化仅考虑市辖区非农业人口占全市总人口比重，与上述人口城镇化的综合效应不同，此比值越小，说明地区人口城镇化滞后于产业城镇化的程度越大。囿于篇幅，本章仅从全国层面纳入人口城镇化与产业城镇化的比值来衡量二者之间的协调程度，从而验证其对雾霾污染的影响机理。

如表 4-11 所示，人口城镇化与产业城镇化的比值对雾霾污染浓度有着显著的负向影响，其系数值为-0. 058（t=-2. 117），即人口城镇化滞后于产业城镇化的程度越高，雾霾污染程度越重，验证了上述理论假设，这是我国雾霾污染较严重的现实机制之一，也是我国过快推进工业化进程的重要副产品。

表 4-11　人口城镇化与产业城镇化的协调度回归及稳健性检验（全国）回归结果

变量	*F*	*FQ*	*ECS*	*FQ*
PURB/IURB	-0. 058** (-2. 117)			
IURB		-0. 058** (-2. 210)	0. 143** (2. 084)	-0. 038* (-1. 856)
ECS				-0. 031** (-2. 222)
控制变量与常数项	控制	控制	控制	控制
R^2	0. 786	0. 664	0. 754	0. 695

注：括号内为 t 值，*、**、*** 分别代表 10%、5%和 1%的显著性水平。囿于篇幅，控制变量和常数项的回归结果未做报告。

自中华人民共和国成立以来，为了尽快摆脱贫穷落后的面貌，实现快速赶超发达国家的目标，我国实行了“优先发展重工业”的工业化战略，尽管短期内取得了巨大的成就，初步建立起较为完整的国民工业体系，然而重化工业的过度发展和不合理集聚也带来了一系列至今仍悬而未决的问题，主要表现为这些地区的产业结构调整步伐较慢，对原有发展路径的依赖性较强，难以从根本上彻底改变其产业结构重型化的特征，造成这些地区的雾霾污染较为严重。

此外，传统重化工业大多属于资源和资金密集型产业，因此，重化工业的集聚对地区产业结构升级的影响较大，对就业结构转变和城镇人口的增加影响较小，进而造成在传统重化工业集聚地带表现出产业城镇化效应大于人口城镇化效应。

5. 稳健性检验

鉴于前面研究城镇化作用于雾霾污染治理的异质性影响也是对回归结果的一种稳健性检验，本章为进一步验证前述主要估计结果的可靠性与稳健性，对被解释变量雾霾污染浓度进行替换，采用各城市空气质量达到及好于二级的天数占比来衡量其雾霾污染程度，并进行稳健性检验，即此指标占比越高，空气质量越好，雾霾污染程度越低。回归结果如表 4-11 和表 4-12 所示[①]，表 4-11 的后半部分是全国层面产业城镇化效应的稳健性检验结果，表 4-12 是分区域的稳健性检验结果。可以看出，替换被解释变量以后，产业城镇化效应依然对雾霾污染有着显著的直接效应，并且能够通过增加燃煤消耗量而加剧雾霾污染程度，整体层面上与前述结论一致；同时分区域看，替换被解释变量后产业城镇化效应对雾霾污染影响的空间分布特征和前述估计结果基本一致，即其有效路径存在我国东部、中部、西部和北部，而南部地区并不存在显著的直接效应和间接效应。因此，可以认为本章主要的估计结果较为稳健。

表 4-12 产业城镇化效应回归结果的稳健性检验（分区域）

变量	*FD*	*ECSD*	*FD*	*FZ*	*ECSZ*	*FZ*	*FW*	*ECSW*
IURB	-0.070*** (-3.411)	0.065** (2.211)	-0.044* (-1.883)	-0.075** (-2.421)	0.056** (2.278)	-0.050** (-2.221)	-0.089*** (-3.812)	0.069** (2.291)
ECS			-0.020** (-2.222)			-0.024** (-2.134)		
控制变量	控制	控制	控制	控制	控制	控制	控制	控制
R^2	0.776	0.550	0.812	0.667	0.611	0.688	0.711	0.606

① 囿于篇幅，本章只列出全国层面和分区域层面的产业城镇化影响雾霾污染的回归结果，同时，人口城镇化和土地城镇化的回归结果也较为稳健。

续表

变量	*FW*	*FN*	*ECSN*	*FN*	*FB*	*ECSB*	*FB*
IURB	-0.044 (-0.933)	-0.067 (-0.454)	0.511** (2.123)	-0.051 (-0.933)	-0.088*** (-3.654)	0.069** (2.334)	-0.039*** (-2.678)
ECS	-0.033** (-2.311)			-0.022 (-0.623)			-0.034** (-2.247)
控制变量	控制	控制	控制	控制	控制	控制	控制
R^2	0.765	0.466	0.505	0.512	0.755	0.657	0.788

注：括号内为t值，*、**、***分别表示10%、5%和1%的显著性水平。囿于篇幅，控制变量和常数项的回归结果未做报告。

6. 内生性问题

城镇化与雾霾污染之间存在的相互影响有可能会导致模型估计存在一定的内生性，囿于难以寻找合适而有效的工具变量，本章为弥补这种不足，将解释变量做滞后一期处理，以人口城镇化、土地城镇化和产业城镇化作用于雾霾污染的直接效应和间接效应为例，对模型进行重新估计①，发现并没有改变前述分析的结论，表明本章的内生性问题在可接受的范围之内。

四、研究结论

本章着眼于城镇化对雾霾污染治理的作用机制及其路径这一中心话题，从人口城镇化、土地城镇化和产业城镇化三个视角来厘清城镇化对雾霾污染治理的综合效应及其作用路径，试图对当前我国雾霾污染治理的城镇化效应进行拓展分析。实证结果表明：① 从全国层面看，人口城镇化和产业城镇化不仅对雾霾污染有着显著的直接效应，而且能够通过相关作用路径而间接影响雾霾污染，由于土地城镇化对雾霾污染并没有显著的直接效应，因而并不存在有效的

① 囿于篇幅，本章没有列出相应的回归估计结果。

作用路径。②从区域异质性的视角看，首先，人口城镇化效应作用于雾霾污染治理的路径存在我国中部、西部、北部和南部地区，其中西部地区人口城镇化效应仅能通过扩大房地产投资而影响雾霾污染，而南部地区主要是通过交通压力的加剧而显著影响到雾霾污染的。其次，土地城镇化效应作用于雾霾污染的路径存在我国西部和北部地区，而对中、东部和南部地区并没有显著的促进效应。最后，产业城镇化效应作用于我国雾霾污染的路径存在于东部、中部、西部和北部地区，而对南部地区影响则不显著。③从规模异质性的视角看，不管是人口城镇化效应、土地城镇化效应还是产业城镇化效应，均是高雾霾污染区域存在着上述路径对雾霾污染治理的作用机制，而在低雾霾污染区域并不存在上述作用路径。④从阶段异质性的视角看，人口城镇化、土地城镇化和产业城镇化对雾霾污染治理的影响效应均为逐渐减弱，其中人口城镇化和土地城镇化的影响效应不再显著，而产业城镇化影响效应却一直较为显著。⑤人口城镇化与产业城镇化的不协调，即人口城镇化滞后于产业城镇化的程度越高，雾霾污染程度越重，是我国雾霾污染较为严重的现实机制之一。

第五章　环境规制对我国雾霾污染治理的影响研究

本章基于经济新常态下我国雾霾治理的背景，利用我国 30 个主要城市 2003~2014 年面板数据，运用中介效应方法实证分析环境规制对我国雾霾治理的影响机制与路径，并分区域考察了环境规制对雾霾治理影响机制与路径的异质性。

一、环境规制对我国雾霾污染治理的作用路径分析

（一）路径假设

根据前面关于环境规制对雾霾污染的作用机理，本章提出以下研究假设：

假设 1：环境规制可以直接作用于雾霾污染治理，且这种效应是负向的，即通过实行市场激励型和命令控制型环境规制能够缓解我国的雾霾状况。

假设 2：环境规制可以通过产业结构调整、能源消耗结构优化和技术进步提升三条路径间接作用于雾霾污染治理，且各种效应皆存在区域异质性。

（二）模型构建

本章以各城市年均雾霾浓度为被解释变量，环境规制为核心解释变量来验证环境规制对雾霾治理的直接效应，具体回归方程如下：

$$F=\alpha_0+\alpha_1 ER+\alpha_2 Control+\varepsilon \tag{5-1}$$

其中，F 表示年均雾霾浓度；ER 表示环境规制水平；*Control* 在此方程中为一系列控制变量。

由于环境规制可以通过产业结构调整、能源消耗结构优化和技术进步水平提升这三条路径间接作用于雾霾污染治理，所以本章利用中介效应的方法把三个变量设定为中介变量，分别纳入到模型中，以考察环境规制对雾霾污染治理的具体作用路径。本章通过构建模型（5-2）来验证中介效应存在的第二个条件，具体模型如下：

$$X=\alpha_0+\beta_1 ER+\beta_2 Control+\varepsilon \tag{5-2}$$

其中，X 为中介变量，即产业结构（*IS*）、能源消耗结构（*ECS*）和技术进步水平（*TP*），若 β_1 系数显著，则说明核心解释变量对中介变量具有显著性影响，因而满足中介效应的第二个条件，进一步通过构建模型（5-3）来验证中介效应存在的第三个条件，具体模型如下：

$$F=\alpha_0+\delta_1 ER+\delta_2 X+\delta_3 Control+\varepsilon \tag{5-3}$$

其中，若 δ_1 显著性下降或者不显著，且系数 δ_2 通过了显著性检验，则满足中介效应的第三个条件。进一步地，为深入探究环境规制对雾霾污染治理的影响路径，本章将计算其直接效应和间接效应在不同路径中的占比，这和加入中介变量之后 δ_1 系数的显著性有关，如果系数 δ_1 的显著性直接变为不显著，则说明此路径中中介效应是完全的；相反，如果系数 δ_1 依然显著，只是显著性水平下降，则说明这一路径中中介效应是部分的，其中介效应的大小由 $\beta_1\delta_2/(\beta_1\delta_2+\delta_1)$ 计算得出。

（三）变量说明和描述性统计

（1）被解释变量：雾霾污染程度（F）。根据研究的需要，本章采用我国30个直辖市和省会城市（除港澳台和拉萨外）的PM10年均浓度数据来表征雾霾污染程度①。

① 需要特别说明的是，中国部分城市从近几年才开始统计PM2.5数据，又由于PM10包括PM2.5，也是雾霾重要的组成部分，同时，考虑到相关文献采用NASA发布的PM2.5数据，本部分特将此数据与同期PM10数据对比，二者的走势基本一致，并不会改变本章的结论。

（2）核心解释变量：环境规制水平（*ER*）。本章主要考察环境规制对雾霾污染治理的实施效果，因此将采用较为直接的规制实施变量来衡量各主要城市的环境规制水平，即将各城市工业污染源治理总投资额占工业增加值比重作为环境规制水平的代理指标。

（3）控制变量：①工业烟粉尘排放量（*ISDE*）。由于烟粉尘排放量与雾霾天气的产生有着至关重要的关系，本章首先选取各城市工业烟粉尘排放量作为控制变量来控制其可能对雾霾污染的影响。②工业废弃物综合利用率（*IWCU*）。废弃物的处理模式对雾霾天的形成具有相当重要的影响，因此本章选取各主要城市的工业废弃物综合利用率作为控制变量来控制其可能对雾霾污染的影响。③集聚规模（*AS*）。产业的大规模集聚会增加对能源的大规模集中性需求，也会拉动物流运输产业的发展，产生更多的排放，造成大范围雾霾天气的频发，因此本章选取单位建成区面积的工业增加值来表征区域集聚规模，以控制工业集聚对雾霾污染可能产生的影响。④经济增长率（*EI*）。一地区经济增长越快，对能源等各种生产要素的消耗量越大，对雾霾污染的影响也越强，因此本章选取各城市经济增长率作为控制变量来控制其可能对雾霾污染产生的影响。⑤交通压力（*TR*）。本章借鉴马丽梅等（2016）衡量交通因素的方法，采取各城市机动车拥有量与城市道路面积之比来表示城市交通所面临的压力。⑥气候变量。由于我国地区间气候条件差异较大，本章采用降水量（*W*）和气温（*T*）作为控制变量，以控制气候条件的差异对雾霾污染可能产生的影响。

（4）中介变量：①产业结构（*HPV*）。制造业内部结构对雾霾的产生有着重要的影响，一地区高污染产业的规模越大，主导产业越是偏向于高污染重化工业，其对雾霾产生的影响也较大，越不利于雾霾天气的治理。因此，本章基于烟粉尘排放量、二氧化硫排放量和氮氧化物排放量来综合选取八大高污染行业，以其行业产值占比表征各城市产业城镇化效应对雾霾污染的影响。②能源消耗结构（*ECS*）。基于研究的需要，本章选取各城市原煤消耗量占比来表征能源消耗结构，研究其对雾霾污染治理的中介效应。③技术进步水平（*TP*）。技术进步作为知识和能力的主要体现，也是治理环境污染和缓解雾霾程度的重要抓手，衡量技术进步水平既要考虑到总体数量的差异，也要考虑到人口基数的差异，因此，本章选取各城市三种专利申请量和授权量之和与各城市人口总量的比值来综合考察各城市技术进步水平的差异。

本章以我国 30 个省份（除港澳台和西藏）为研究样本，研究期间为 2003~2014 年。其中，各城市雾霾浓度、经济增长率、降水量和气温等数据来源于历年的《中国统计年鉴》；原煤消耗量、能源消耗总量、高污染产业产值、工业总产值、机动车拥有量、城市道路面积、三种专利申请量、三种专利授权量和人口数据均来源于各城市的历年统计年鉴；工业烟粉尘排放量和工业废弃物综合利用率等数据均来源于历年的《中国城市统计年鉴》和《中国环境统计年鉴》。上述有关产值数据按照 2003 年不变价进行了处理。表 5-1 是各变量的描述性统计结果。

表 5-1 各变量描述性统计

区域	全国					
变量	样本数	极大值	极小值	平均值	中位数	标准差
F	360	0. 305	0. 034	0. 103	0. 101	0. 030
ECS	360	0. 976	0. 044	0. 469	0. 438	0. 196
TP	360	9. 376	0. 054	1. 174	0. 444	1. 714
ISDE	360	34. 404	0. 009	5. 753	4. 676	5. 289
IWCU	360	1. 000	0. 326	0. 843	0. 917	0. 177
HPV	360	0. 843	0. 000	0. 379	0. 328	0. 199
AS	360	10. 709	0. 900	3. 781	3. 479	1. 834
ER	360	0. 0513	0. 0002	0. 0035	0. 0032	0. 0037
EI	360	26. 600	5. 040	13. 247	13. 040	2. 936
TR	360	5. 657	0. 419	2. 054	1. 828	1. 092
W	360	2. 628	0. 075	0. 885	0. 776	0. 508
T	360	25. 400	4. 300	14. 459	15. 300	5. 091

二、环境规制对我国雾霾污染治理的实证结果分析

（一）全国层面的回归结果分析

考虑到模型可能存在内生性问题，本章利用 Hausman 内生性检验来检验模型的内生性。检验结果接受了本章的所有变量均为外生变量的假设，即模型并不存在严重的内生性问题，同时考虑到环境规制可能存在滞后性，因此本章将核心解释变量——环境规制(*ER*(-1)) 滞后 1 期纳入模型中。本章又采用 F 检验和 Hausman 检验来选择合适的面板数据估计方法，结果发现本章适用面板 OLS 回归法，拒绝了固定效应和随机效应的面板数据估计方法。具体回归结果如表 5-2 和表 5-3 所示。

表 5-2 模型（5-1）和模型（5-2）的回归结果

变量	模型（5-1）	模型（5-2）		
	F	*HPV*	*ECS*	*TP*
ER（-1）	-0. 143*** (0. 058)	-0. 155** (3. 041)	-0. 161** (2. 321)	0. 456*** (1. 011)
ISDE	0. 001* (0. 176)	-0. 006** (0. 223)	0. 005** (0. 105)	-0. 008 (0. 453)
AS	0. 006 (7. 112)	-0. 032 (6. 567)	0. 121*** (0. 051)	0. 115* (1. 011)
IWCU	-0. 021* (0. 234)	-0. 176** (1. 108)	-0. 104 (0. 654)	0. 347*** (3. 874)
EI	0. 012*** (2. 726)	-0. 013* (1. 123)	0. 009** (1. 010)	-0. 153*** (3. 611)
TR	0. 008** (0. 109)	-0. 012* (0. 276)	-0. 012 (0. 045)	0. 534*** (0. 556)

续表

变量	模型（5-1）	模型（5-2）		
	F	*HPV*	*ECS*	*TP*
W	-0.006*** (2.678)	-0.013*** (0.549)	0.004 (5.493)	0.124 (1.006)
T	-0.067 (0.187)	0.043 (0.604)	-0.045*** (0.102)	0.026 (0.618)
常数项	0.116*** (0.109)	1.021*** (2.878)	0.611*** (0.099)	-0.323** (4.165)
R^2	0.675	0.455	0.665	0.594

注：括号内为标准差，*、**、*** 分别代表 10%、5%和 1%的显著性水平。

表 5-3　模型（5-3）的回归结果

变量	模型（5-3）		
	F	*F*	*F*
ER（-1）	-0.011* (0.208)	-0.009* (0.067)	-0.009 (0.189)
HPV	0.106*** (1.712)		
ECS		0.091*** (0.643)	
TP			-0.043 (3.011)
ISDE	0.005*** (0.324)	0.011** (2.411)	0.015* (0.444)
AS	0.036 (0.077)	0.034*** (7.693)	-0.038 (0.396)
IWCU	-0.165*** (0.767)	-0.103** (0.476)	-0.155** (0.378)
EI	0.021 (0.512)	0.020* (11.134)	0.018 (0.411)

续表

变量	模型（5-3）		
	F	*F*	*F*
TR	0.005* (0.014)	0.004* (7.323)	0.003** (0.202)
W	-0.003*** (0.188)	-0.003*** (0.219)	-0.004* (1.111)
T	-0.002* (0.087)	-0.003** (0.077)	-0.002 (4.068)
常数项	0.183*** (0.108)	0.236*** (9.789)	0.144*** (0.675)
R^2	0.499	0.488	0.464

注：括号内为标准差，*、**、*** 分别表示 10%、5%和 1%的显著性水平。

从表 5-2 中的模型（5-1）结果可以看出，环境规制水平对雾霾浓度的回归系数为-0.143，且在 1%的显著性水平下显著，这说明我国环境规制对雾霾治理存在直接效应，能够有效地降低我国雾霾浓度。同时工业烟粉尘排放量在一定程度上能够显著地增加雾霾浓度，而工业废弃物综合利用率的提高会有效降低雾霾浓度。此外，经济增长越快、交通压力越大和降水量越小的城市雾霾浓度也越高，这些都与预期的符号方向一致。集聚规模对雾霾浓度的影响并不显著，这可能是因为当前阶段我国工业的集聚效应主要体现在经济效率的提升，而没有很好地发挥出应有的节能减排效应，因此工业集聚并不能够有效降低雾霾浓度。

表 5-2 中的模型（5-2）验证了全国层面环境规制水平对各中介变量的影响效应。首先，环境规制能够促进产业结构调整，其回归系数为-0.155，说明环境规制水平的提升能够显著扭转我国高污染产业的发展势头，并降低“三高一低”产业的占比。其次，环境规制能够优化我国的能源消费结构，其回归系数为-0.161，说明环境规制能够有效降低我国的原煤消耗量占比，并敦促相关企业单位节能减排，尽最大努力地采用新能源。最后，还可以发现环

境规制对技术进步水平也有着显著的提升作用，其回归系数为 0.456，体现出面对越来越强的环境规制水平，企业通过大力提升自己的技术水平，可以规避由环境规制强度的上升所带来的外部成本。

此外，从模型（5-3）中可以看出，只有产业结构（*HPV*）和能源消耗结构（*ECS*）满足中介效应的第三个条件，才能说明环境规制可以通过调整产业结构和优化能源消耗结构来有效降低我国的雾霾浓度。同时可以发现，技术进步水平对我国雾霾浓度的影响并不显著，不满足中介效应的第三个条件，说明我国技术进步水平的提高并没有有效降低雾霾浓度，这可能是因为一方面技术研发对雾霾浓度下降的针对性不够强，另一方面技术水平的提高通过刺激生产规模的扩张而增加了总排污量，因此导致环境规制没有通过激发技术进步而有效降低我国的雾霾浓度。

此外，为深入探究和验证环境规制对雾霾污染治理的作用路径，本章还计算出中介效应和直接效应在各自路径中的占比。由于环境规制对雾霾污染的中介效应只存在于产业结构调整和能源消耗结构中，所以计算中介效应和直接效应的大小只涉及上述两条途径。从表 5-2 和表 5-3 中可以看出，着眼于全国层面，由于加入相关中介变量后，环境规制对雾霾污染影响的显著性只是下降，而没有消失，因此此中介效应均为部分中介效应。根据中介效应占比计算公式发现，着眼于某一路径，环境规制通过调整产业结构作用于雾霾污染的中介效应占总效应的 59.90%，通过优化能源消耗结构作用于雾霾污染的中介效应占总效应的 61.95%，说明着眼于整体层面，环境规制对雾霾污染治理的影响路径主要是通过间接效应来实现，中介效应是其作用路径的主要组成部分。

（二）分区域回归结果分析

我国是全球最大的转型经济体，各地区在历史条件、地理条件和区位条件等方面皆存在着较强的异质性，地区经济发展的极化现象依然没有得到有效缓解。我国国土面积广大和自然地理分隔造成的区域经济社会多样性为检验多维度异质性视角下环境规制的雾霾污染效应提供了理想的实证环境。因此，本章根据《中国区域经济统计年鉴》的划分标准将样本地区划分为东部地区（北

京、天津、石家庄、上海、杭州、福州、济南、南京、广州、海口)、中部地区（武汉、太原、合肥、南昌、郑州、长沙)、西部地区（呼和浩特、南宁、重庆、成都、贵阳、昆明、西安、西宁、银川、兰州、乌鲁木齐）以及东北地区（哈尔滨、长春、沈阳)。考虑到东北区域的样本较少，因此根据经济发展水平和所处位置特将沈阳并到东部地区，长春和哈尔滨并到中部地区，以此来分析环境规制对雾霾污染治理的影响机制和路径是否具有区域异质性。在回归估计之前，采用 F 检验和 Hausman 检验来选择合适的面板数据估计方法，结果显示选择混合 OLS 回归法最为合适，拒绝了固定效应和随机效应的面板数据估计方法，估计结果如表 5-4、表 5-5 和表 5-6 所示。

表 5-4 分区域模型（5-1）的回归结果

变量	模型（5-1）		
	F（东）	*F*（中）	*F*（西）
ER（-1）	-0.165*** (2.886)	-0.106** (0.218)	0.345 (0.054)
ISDE	0.004*** (0.383)	0.003* (0.286)	0.002** (1.412)
AS	0.003* (0.051)	0.002 (0.145)	0.004 (0.612)
IWCU	-0.011** (0.323)	-0.014* (3.456)	0.033** (0.209)
EI	0.003 (0.099)	0.005* (0.112)	0.003 (0.513)
TR	0.012*** (0.763)	0.009* (0.118)	0.007 (0.431)
W	-0.004*** (0.699)	-0.003** (0.206)	-0.002** (5.078)
T	-0.002* (0.113)	-0.003* (0.056)	-0.004** (0.176)

续表

变量	模型（5-1）		
	F（东）	*F*（中）	*F*（西）
常数项	0.556*** (0.778)	0.666*** (10.567)	0.743*** (0.759)
R^2	0.494	0.588	0.618

注：括号内为标准差，*、**、*** 分别表示 10%、5%和 1%的显著性水平。

表 5-5 分区域模型（5-2）的回归结果

变量	模型（5-2）								
	HPV（东）	*HPV*（中）	*HPV*（西）	*ECS*（东）	*ECS*（中）	*ECS*（西）	*TP*（东）	*TP*（中）	*TP*（西）
ER（-1）	-0.145** (0.222)	-0.345*** (6.321)	-0.556** (0.177)	-0.108*** (0.565)	-0.232** (5.066)	0.445 (0.022)	0.332*** (3.312)	0.564** (0.477)	0.668*** (1.678)
ISDE	0.033** (0.377)	0.044** (0.443)	0.031 (0.576)	0.011 (9.245)	0.019** (0.222)	0.015 (0.189)	-0.092** (4.566)	-0.001* (0.333)	-0.011* (0.021)
AS	0.012 (0.446)	0.010 (0.553)	0.014 (0.448)	0.024*** (1.897)	0.033** (0.482)	0.061** (0.399)	-0.022 (2.442)	0.020* (0.116)	0.334*** (0.699)
IWCU	-0.119** (0.077)	-0.234** (0.448)	-0.299 (0.008)	-0.033** (0.223)	0.233** (6.554)	-0.239** (0.655)	0.446* (0.062)	1.054** (0.563)	0.431** (0.287)
EI	-0.006 (0.055)	-0.055* (0.333)	-0.044** (0.117)	0.031* (0.106)	0.010 (10.01)	-0.043* (0.176)	-0.045* (0.557)	0.056** (9.431)	0.032 (0.378)
TR	-0.009* (0.114)	0.007 (0.321)	0.063** (0.471)	0.012** (0.332)	0.141** (0.238)	0.077* (0.568)	0.117* (0.424)	0.109 (7.099)	0.067* (0.376)
W	-0.012** (0.177)	-0.011 (0.075)	-0.022 (0.301)	0.010 (0.091)	0.086 (0.119)	-0.072* (0.233)	0.026 (4.387)	0.044 (0.444)	0.033* (0.226)
T	-0.091*** (0.779)	-0.026** (0.256)	-0.023** (0.447)	-0.113*** (0.778)	-0.012** (5.237)	-0.022** (0.179)	0.067 (0.088)	0.074 (5.044)	0.009* (0.151)
常数项	0.845*** (0.997)	1.089*** (0.887)	1.078*** (3.771)	0.972 (0.049)	0.005 (0.009)	0.077*** (8.098)	5.768 (0.231)	0.676 (2.367)	0.878 (0.762)
R^2	0.488	0.766	0.611	0.674	0.785	0.654	0.497	0.387	0.678

注：括号内为标准差，*、**、*** 分别表示 10%、5%和 1%的显著性水平。

表 5-6　分区域模型（5-3）的回归结果

变量	模型（5-3）								
	F（东）	F（中）	F（西）	F（东）	F（中）	F（西）	F（东）	F（中）	F（西）
ER（-1）	-0.007* (0.211)	0.033 (0.087)	0.067** (1.316)	-0.008 (0.076)	-0.019* (0.228)	0.065* (2.145)	-0.009* (0.765)	0.011 (0.095)	0.056** (0.217)
HPV	0.099*** (2.435)	0.064 (6.337)	0.061 (0.499)						
ECS				0.066** (2.711)	0.088** (6.594)	0.112 (1.043)			
TP							-0.025** (2.457)	0.017* (0.367)	0.026*** (1.654)
ISDE	0.006** (0.439)	0.024** (0.339)	0.012*** (0.531)	0.005** (0.409)	0.021* (0.331)	0.011** (1.191)	0.005* (0.091)	0.020* (0.136)	0.010** (0.462)
AS	-0.002* (0.121)	-0.005* (0.130)	-0.017 (0.012)	-0.001 (0.107)	-0.003 (0.067)	-0.013 (0.055)	-0.003* (0.065)	-0.004* (0.111)	-0.014* (0.467)
IWCU	-0.007 (0.033)	-0.011* (0.141)	-0.053** (0.165)	-0.010* (0.108)	-0.008* (0.213)	-0.052* (0.541)	-0.008* (0.111)	-0.009* (0.193)	-0.047** (0.343)
EI	0.006 (0.045)	0.007* (0.222)	0.009 (0.049)	0.005 (0.065)	0.006* (0.233)	0.010 (0.013)	0.003 (0.055)	0.003* (0.254)	0.009 (0.044)
TR	0.003* (0.099)	0.002 (0.107)	0.003 (0.090)	0.001* (0.104)	0.002* (0.122)	0.004** (0.101)	0.002* (0.112)	0.003 (0.095)	0.005 (0.089)
W	-0.003** (0.332)	-0.004* (0.110)	-0.003 (0.064)	-0.004* (0.311)	-0.003* (0.109)	-0.001* (0.069)	-0.002** (0.303)	-0.005* (0.103)	-0.004* (0.071)
T	-0.003** (2.876)	0.005 (2.343)	-0.007** (0.776)	-0.002* (2.776)	0.003 (2.121)	-0.004* (0.788)	-0.002* (2.679)	0.004 (2.356)	-0.005* (0.811)
常数项	0.129** (0.699)	0.107*** (2.675)	0.133*** (0.688)	0.178*** (0.776)	0.118*** (2.879)	0.176*** (0.677)	0.143*** (0.998)	0.113*** (2.762)	0.121*** (0.789)
R^2	0.554	0.431	0.557	0.476	0.589	0.621	0.459	0.532	0.681

注：括号内为标准差，*、**、*** 分别表示 10%、5%和 1%的显著性水平。

首先，从表 5-4 中的模型（5-1）中可以看出，环境规制只对我国中、东部地区的雾霾污染有着较为显著的负效应，对西部地区则有着不显著的正效应。这说明由于我国地区经济发展阶段的差异，环境规制对东部地区雾霾浓度抑制最为明显，中部地区次之，而西部地区由于处于工业化的加速阶段，加之自身的资源禀赋特征，重化工业占比较高，且高污染产业占比平均达 49.7%，所以最不明显。此外从环境规制水平的角度来看，东部平均值达 0.017，中部平均水平为 0.0076，而西部地区仅为 0.0007，东部地区的环境规制水平远远超过中西部地区，因此西部地区的环境规制水平较低，对西部地区的雾霾治理还起到反向促进作用。

其次，从模型（5-2）可以看出，环境规制对我国东、中、西三大区域的高污染、高耗能产业都有显著的负效应，其中，因为西部地区资源禀赋和行业结构的特征，所以环境规制对西部地区高污染、高耗能产业有更强的负效应。同时环境规制水平的提高能够显著优化我国中部、东部地区的能源消耗结构，其系数值分别为-0.232 和-0.108，而对西部地区则有着不显著的正向效应，即环境规制水平的提高并没有优化西部地区的能源消耗结构，这很可能是因为西部的环境规制水平不够高，企业往往倾向于通过其他非市场方式去内化环境规制成本的上升，从而达到企业持续盈利的目的，所以迫于经济发展和改变贫穷落后面貌的压力，西部地区的环境规制水平尚没有提高到能够倒逼企业主动采取节能减排措施的程度，导致出现环境规制没有有效降低雾霾浓度的局面。此外，环境规制水平的提高可以显著提高我国东、中、西三大地带的技术进步水平，其中由于中西部地区起点较低，更易提高现有技术水平，因此环境规制对中西部地区的技术进步有着更强的促进作用。

最后，从模型（5-3）中可以看出，加入中介变量以后，东部地区的产业结构（*HPV*）、能源消耗结构（*ECS*）和技术进步水平（*TP*）对雾霾治理依然有着较为显著的影响，而环境规制水平对东部雾霾治理呈现出不显著的负效应。因此对东部地区而言，由于其经济发展水平较高，环境规制的力度较大，所以环境规制可以通过调整高耗能产业结构、优化能源消耗结构和提高技术进步水平等途径来达到控制雾霾浓度的目的。同时中部地区在加入中介变量以后仅有能源消耗结构和技术进步水平对雾霾治理有着显著的影响，满足中介效应的第三个条件，而产业结构对雾霾浓度不显著，表明对我国中部地区来说，环

境规制当前可以通过优化能源消耗结构和改变技术进步水平而作用于雾霾治理，然而这二者的影响方向却不一致。从表 5-5 和表 5-6 可以看出，中部地区环境规制通过优化能源消耗结构降低了雾霾污染，而通过提高技术进步水平却加剧了雾霾污染，这可能是由于中部地区的技术进步偏向于产值规模的扩张，即“经济增长有余、节能减排不足”，导致中部地区技术进步的提升不能有效降低雾霾浓度，反而加剧了雾霾污染。另外，环境规制还不能通过调整高污染产业结构来控制中部地区的雾霾，这可能是由于中部地区雾霾浓度的主要影响因素并不在于高耗能产业的规模，因此尽管环境规制能够调整中部地区高耗能产业的规模，但是并不能通过此途径达到显著降低雾霾浓度的目的。西部地区由于环境规制水平较低，对雾霾影响不显著，因此对西部地区来说，当前环境规制尚不能通过上述三种途径而显著影响到雾霾浓度。

同样地，利用中介效应占比公式计算分区域环境规制对雾霾污染治理的中介效应比重可以发现，单独着眼于某一路径，东部地区产业结构和技术进步水平的中介效应均为部分中介效应，能源消耗结构则为完全中介效应，而中部地区能源消耗结构的中介效应为部分中介效应，技术进步水平则为完全中介效应。其中，东部地区环境规制通过调整产业结构作用于雾霾污染的中介效应占东部地区总效应的 67.22%，通过提升技术进步水平作用于雾霾污染的中介效应占总效应的 47.98%；而中部地区环境规制通过优化能源消耗结构作用于雾霾污染的中介效应占总效应的 51.80%，进一步说明环境规制对雾霾污染的影响效应存在着较为明显的间接作用，加强了对本章假说的印证。

（三）进一步的讨论和稳健性检验

环境规制对雾霾污染治理的影响可能会因环境规制指标选取的不同而存在差异，因此为了加强对本章假设的论证，将采取替换环境规制衡量指标的方法来进行稳健性检验。结合研究的需要和数据的可得性与延续性，拟采取排污费收入［$ER1(-1)$］和与雾霾污染关系较大的工业烟粉尘排放强度的倒数［$ER2(-1)$］作为环境规制的替代变量进行稳健性检验，囿于篇幅，本章只列出全国层面的稳健性检验结果，如表 5-7 所示。

表 5-7 稳健性检验结果

变量	模型（5-1）	模型（5-2）		
	F	*HPV*	*ECS*	*TP*
*ER*1（-1）	-0.323*** （0.076）	-0.245*** （1.545）	-0.544** （1.775）	0.367*** （1.434）
*ER*2（-1）	-0.454** （0.274）	-0.333** （0.768）	-0.466** （0.912）	0.587*** （1.454）
控制变量和常数项	控制	控制	控制	控制

变量	模型（5-3）		
	F	*F*	*F*
*ER*1（-1）	-0.123** （0.344）	-0.033* （0.245）	-0.003 （0.645）
*HPV*1	0.233** （1.122）		
*ECS*1		0.111*** （0.776）	
*TP*1			-0.031 （1.878）
*ER*2（-1）	-0.007** （0.344）	-0.013* （0.098）	-0.156 （0.458）
*HPV*2	0.099** （0.754）		
*ECS*2		0.114** （0.498）	
*TP*2			-0.187 （1.435）
控制变量和常数项	控制	控制	控制

注：括号内为标准差，*、**、*** 分别表示 10%、5%和 1%的显著性水平，囿于篇幅，控制变量、常数项以及 R^2 没有在表中列出，备索。

从表 5-7 中可以看出，替换了环境规制的表征变量后，并没有改变全国层面环境规制仅能通过调整产业结构和优化能源消耗结构来有效降低我国雾霾

浓度的结论。从环境规制对中介变量的直接回归结果可以看出，无论使用何种衡量方法，环境规制对产业结构、能源消耗结构和技术进步水平皆有着较为显著的影响，加强了对本章假设的论证，也说明本章的结论具有较强的稳健性和真实性。

三、研究结论

本章运用中介效应回归方法探讨了环境规制对我国雾霾治理的影响路径及效应，主要结论包括：①从全国层面看，环境规制不仅能够直接影响我国雾霾治理，还会通过调整产业结构和优化能源消耗结构这两种路径来有效降低我国雾霾浓度，但是通过技术进步水平的提高而作用于雾霾治理的效果并不显著。②从分区域角度看，由于东部地区的经济发展水平较高，所以环境规制能够通过产业结构、能源消耗结构和技术进步三种路径有效影响雾霾治理，而中部地区由于发展的阶段性和地理位置的特殊性，虽然环境规制通过优化能源消耗结构能够缓解雾霾污染，但通过提高技术进步水平反而加剧了雾霾污染，同时通过产业结构调整提高的作用尚不显著，加之经济发展的迫切性，因此环境规制对雾霾治理的影响并不显著。

第六章　要素市场扭曲对我国雾霾污染防治的影响研究

本章主要是基于我国存在的要素市场扭曲的典型性现实，对其进行有效的测度。首先运用空间面板模型，估计了要素市场扭曲对雾霾污染的影响。其次进一步构建门槛模型，研究了要素市场扭曲和雾霾污染的非线性关系。最后构建结构方程模型，进行要素市场扭曲对雾霾污染的路径分析，得到雾霾防治的路径启示。

一、模型构建与指标说明

（一）要素市场扭曲水平的测算

要素市场扭曲程度（*Dist*）。关于要素扭曲程度的测度，当前大多数学者选择生产函数法对要素价格扭曲进行测度。生产函数法包括 C-D 生产函数法和超越对数生产函数法，C-D 生产函数法简便易行，超越对数生产函数法可能会出现自由度不足、模型估计困难、变量多重共线性等问题，但两种方法测度得到的结果较为接近。本章参照白俊红等（2016）的做法，选择 C-D 生产函数法进行要素市场扭曲的测度。

生产函数的形式假设如下：

$$Y=AK^{\alpha}L^{\beta} \tag{6-1}$$

资本和劳动力要素的边际产出分别如下：

$$MP_K=A\alpha K^{\alpha-1}L^{\beta}=\alpha Y/K \tag{6-2}$$

$$MP_L=A\beta K^{\alpha}L^{\beta-1}=\beta Y/L \tag{6-3}$$

在得到 MP_K、MP_L、资本价格 r 和劳动价格 w 之后，就可以计算劳动力要素扭曲、资本要素扭曲和总体扭曲：

$$DistK=MP_K/r \tag{6-4}$$

$$DistL=MP_L/\omega \tag{6-5}$$

$$Dist=DistK^{\frac{\alpha}{\alpha+\beta}}DistL^{\frac{\alpha}{\alpha+\beta}} \tag{6-6}$$

指标选取如下：

（1）Y 表示地区产出，本章选择地区生产总值来衡量地区产出水平，并以2005 年为基期，运用 GDP 平减指数核算成不变价。

（2）K 表示地区资本存量，本章选取固定资产投资总额来衡量，同样以2005 年为基期，运用固定资产投资价格指数核算成不变价，并运用永续盘存法核算成资本存量的形式。

（3）L 表示地区劳动力，本章选取年末城镇单位就业人员数来表征。

（4）w 表示劳动力价格，代表工资水平，本章选取城镇单位就业人员平均工资来表征，并以 2005 年为基期，运用城市居民消费价格指数将其核算成不变价。

（5）r 为资本价格，代表利率水平，本章选取各年度一年期金融机构法定贷款利率的均值这一替代指标来考察。

（二）雾霾污染的空间自相关性检验

全局空间自相关反映出同一个变量在整个区域的空间相关性，一般用全局Moran's I 指数来表征。

其计算公式为：

$$\text{Moran's I} = \frac{n\sum_{i=1}^{n}\sum_{j=1}^{n}w_{ij}(x_i - \bar{x})(x_j - \bar{x})}{(\sum_{i=1}^{n}\sum_{j=1}^{n}w_{ij})\sum_{i=1}^{n}(x_i - \bar{x})^2} \tag{6-7}$$

其中，x_i 表示第 i 个省域的观测值；n 为地区数，本章的 n 为 30；w 为空间权重矩阵，采用省域之间空间距离的倒数作为权重。当 Moran's I 大于 0，说明省域经济变量存在空间正相关；Moran's I 小于 0，说明存在空间负相关，Moran's I 等于 0，则说明地区间不存在空间相关性，在空间上分布随机。

为了更加精确地判断空间相关性，进一步对指数进行显著性检验，构造 Z 统计量，该统计量服从正态分布，计算公式如下：

$$Z(\text{Moran's I}) = \frac{\text{Moran's I} - E(\text{Moran's I})}{\sqrt{VAR(\text{Moran's I})}} \tag{6-8}$$

如果 Z 统计量大于正态分布在 10%显著性水平下的临界值，则说明结果显著，在空间上确实存在着明显的空间相关性。

由表 6-1 数据可知，2005~2015 年雾霾污染的 Moran's I 值呈现一定程度的波动，但均大于 0，全局 Moran's I 均为正值且通过了显著性水平 10%的检验，说明雾霾污染具有明显的正相关关系，在全局上表现出较强的空间依赖性，雾霾污染较严重的省域倾向于接近其他较高省域，雾霾污染相对较轻的省域趋于和其他较低省域相邻，雾霾污染具有显著的空间相关性。

表 6-1　2005~2015 年我国 30 个省份雾霾污染全局 Moran's I 指数值

年份	2005	2006	2007	2008	2009	2010
Moran's I	0.068*	0.062*	0.034**	0.004***	0.023**	0.013**

年份	2011	2012	2013	2014	2015
Moran's I	0.002**	0.026**	0.061***	0.082***	0.098***

资料来源：根据 Matlab2010b 软件的测算结果整理得到。

（三）基本模型的设定

在测度要素价格扭曲的基础上，本章构建如下实证模型分析要素整体扭曲

程度对雾霾的影响。

$$WM_{it}=\alpha_0+\alpha_1 Dist_{it}+\beta_i X_{it}+\varepsilon_{it} \tag{6-9}$$

其中，i 代表地区；t 代表时间；ε_{it} 为随机扰动项；$Dist_{it}$ 表示要素扭曲程度；X_{it} 是控制变量。

（四）变量说明

1. 被解释变量

雾霾污染（*WM*），雾霾主要成分是 PM2.5 和 PM10。由于 PM2.5 具有颗粒小、活性强、输送距离远、分布广、空气滞留时间长、易携带有毒物质等特性，对居民生活和大气环境的危害程度远大于 PM10，因此本章采用单位面积内 PM2.5 来衡量雾霾污染。

2. 核心解释变量

要素市场扭曲程度（*Dist*），如前所述。

3. 控制变量

（1）技术进步（*Tech*）。技术进步主要体现在创新方面，本章采用专利申请授权数表示技术进步。

（2）产业结构（*Stru*）。当前我国重工业比重依旧居高不下，工业发展仍旧存在高耗能、高污染的“双高”特征，第二产业是 PM2.5 的重要来源。因此本章用第二产业增加值占 GDP 比重来衡量产业结构水平。

（3）能源效率（*Ener*）。地方政府为了政绩考核，倾向于将资本投入高消耗高污染的企业，这些企业因缺乏技术进步的激励机制，能源效率普遍低下。因此本章选取能源消费总量与地区生产总值的比值来表征各地区的能源效率。

（4）产出水平（*Pgdp*）。产出水平越高，消耗的要素越多，污染物排放也就相应增多，这种经济活动产生的附属品会导致地区雾霾污染的产生。因此本章用人均 GDP 来衡量各地区的产出水平。

（5）贸易开放程度（*Open*）。出口产品在国内进行生产，而生产过程伴随着能源的消耗，能源的消耗必然产生污染排放物，从而导致雾霾污染。本章选取的是出口总额与地区生产总值的比值来表征各地区的贸易开放程度。

（五）数据说明

本章选取2005~2015年我国30个省份（不包括港澳台和西藏自治区）为研究对象。为了剔除价格因素的影响，均以2005年为基期，运用相应的指数进行了不变价处理。数据主要来源于《中国统计年鉴》、《中国能源统计年鉴》（2006~2016年）以及《中国环境统计年鉴》。为了消除异方差性，所有数据均采取了对数处理。

二、空间计量模型的建立与实证结果分析

上一节Moran's I指数的结果检验了空间相关性，由于检验结果仅仅表示被解释变量的确存在空间相关性而无法解释出现空间相关性的原因，所以接下来本章运用空间计量模型作进一步的分析。空间计量将空间关系引入模型，通过空间权重矩阵的设置来修正线性回归模型，从而反映出变量在空间上的依赖性。空间计量的两种基本模型分别为空间自回归模型（SAR）和空间误差模型（SEM）。被解释变量出现空间相关有着诸多原因，空间自回归模型是基于被解释变量的空间溢出效应来对空间相关性的存在进行分析，而SEM是从其他地区模型误差对本地区造成冲击，从而导致了空间相关性的角度来解释空间相关性存在的原因。空间相关性到底由什么原因导致要看SAR和SEM的最终拟合效果的优劣。此外，除依据拟合优度来判断，还可以看LM检验和LR检验孰优孰劣。

根据上述分析，本章建立了一般线性模型（OLS）、空间自回归模型（SAR）和空间误差模型（SEM）分别进行模型估计：

一般线性模型：

$$\ln WM=\alpha_0+\alpha_1\ln Dist+\beta_1\ln Tech+\beta_2\ln Stru+\beta_3\ln Ener+\beta_4\ln Pgdp+\beta_5\ln Open+\varepsilon \tag{6-10}$$

空间自回归模型：

$$\ln WM=\alpha_0+\rho\ln RWM+\alpha_1\ln Dist+\beta_1\ln Tech+\beta_2\ln Stru+\beta_3\ln Ener+\beta_4\ln Pgdp+\beta_5\ln Open+\varepsilon \quad (6-11)$$

空间误差模型：

$$\ln WM=\alpha_0+\alpha_1\ln Dist+\beta_1\ln Tech+\beta_2\ln Stru+\beta_3\ln Ener+\beta_4\ln Pgdp+\beta_5\ln Open+\mu$$

$$\mu=\lambda W\mu+\varepsilon \qquad \varepsilon\sim N(0,\ \sigma^2 I_n) \quad (6-12)$$

其中，*Dist* 为要素市场扭曲；*Tech* 为技术进步；*Stru* 为产业结构；*Ener* 为能源效率；*Pgdp* 为产出水平；*Open* 为贸易开放。

本章运用 Matlab 软件，对 OLS、SAR 和 SEM 三个模型分别进行估计，运行结果如表 6-2 所示。

表 6-2　要素市场扭曲对雾霾的实证检验结果

解释变量	*OLS*	*SAR*	*SEM*
C	-7.3529 (-0.55)	-35.3219*** (-2.64)	-5.3029 (-0.39)
ln (*Dist*)	2.3052** (2.43)	2.9325*** (3.26)	2.3865* (1.95)
ln (*Tech*)	-0.0072* (-1.90)	-0.0067* (-1.85)	-0.0063* (-1.77)
ln (*Stru*)	0.9834*** (5.62)	0.9725*** (5.88)	0.9870*** (5.87)
ln (*Ener*)	-1.428*** (-4.00)	-0.9983*** (-2.94)	-0.9656*** (-2.68)
ln (*Pgdp*)	0.0706*** (4.18)	0.0658*** (4.11)	0.0677*** (4.20)
ln (*Open*)	-2.3009 (-0.35)	-2.1051 (-0.34)	-4.1817 (-0.65)
R-squared	0.2303	0.2949	0.4102
ρ		0.5476*** (6.39)	

续表

解释变量	*OLS*	*SAR*	*SEM*
λ			0.5456*** (6.03)
N	330	330	330
LM (lag)	29.5875***		
R-LM (lag)	9.4487***		
LM (error)	21.3919***		
R-LM (error)	1.2532		

注：*、**和***分别表示10%、5%和1%的显著性水平。

表6-2的OLS模型显示LM (lag) 统计量和LM (error) 统计量的结果都是显著的，而Robust LM (lag) 统计量结果显著，但是Robust LM (error) 统计量结果不显著，因此在本次模型估计中SAR更适合，以下将根据SAR的回归结果进行实证分析。此外，根据Hausman检验，最终选用空间滞后（SAR）的随机效应模型来进行模型的估计和相关的回归分析。由表6-2可知，要素市场扭曲对雾霾的影响显著为正，说明要素市场扭曲与雾霾污染趋势相同，要素市场扭曲显著加剧了雾霾污染。究其原因，在我国劳动力市场中一直存在着扭曲的现象，这是由我国的户籍制度和劳动力价格管制导致的。一方面，边际产出大于劳动力真实价格，消费空间遭到了挤压，劳动者难以投入更多在自身和后代的教育上，人力资本的形成受到了抑制，这种情况对往后的技术进步产生了长久的影响，不利于雾霾污染的缓解；另一方面，企业倾向于使用低廉的劳动力来获取利润，劳动力价格过于廉价，企业就没有动力和压力对技术进行革新，劳动力市场的扭曲在一定程度上助长了“双高”企业的发展。加之政府干预信贷，对一些国有企业的补贴政策导致了我国资本市场长期处于扭曲状态。这种资本价格的扭曲导致非国有企业被融资所束缚，抑制了非国有企业的进一步创新。而国有企业因为以较低的价格获得了大量资本，大量资本又被投入污染较重的产业中，其缺乏动力和压力进行技术创新和产业升级转型，因此这种情况往往导致雾霾污染程度的

加剧。

在控制变量上，技术进步对雾霾污染的影响系数显著为负，说明以消耗化石能源为代价的环境不友好型的工业发展模式会加剧雾霾污染，因此要通过高新技术产业来减少污染排放，从而在源头上避免雾霾污染的产生。产业结构对雾霾污染的影响系数显著为正，说明第二产业比重越高，雾霾污染越严重。其原因在于当前工业化发展模式较为粗放，产业结构仍以工业为主，仍旧离不开对化石能源的依赖，此类能源消耗越多，雾霾污染就越严重。能源效率对雾霾污染的影响系数显著为负，说明能源效率的提升缩减了相同产出下能源的消耗量，化石能源消耗得越少，工业污染物的排放就越少，在一定程度上有助于缓解雾霾污染。产出水平对雾霾有着显著的正向影响，随着人民生活水平的提高，必然带来消费的相应增加。人们对有形商品的需求日益增加，而商品的生产必然涉及资源的消耗，不可避免地导致雾霾污染的加剧。贸易开放对雾霾污染的估计系数不显著，究其原因可能在于贸易开放虽然增加了社会生产活动，加剧了一定的雾霾污染，但是随着贸易开放度的提升，促进了国内外的技术交流，更有利于国外的先进技术被引入国内，这种技术上的交流在一定程度上会弱化贸易开放对雾霾污染的加剧程度。

在传统模型中，如果不考虑空间滞后项，回归系数反映的是解释变量对被解释变量的影响。但是如果存在空间滞后项，那么解释变量的影响将通过直接效应、间接效应和总效应加以反映。其中，直接效应表示一解释变量对被解释变量的平均影响效应；间接效应表示对其他地区被解释变量的平均影响效应；总效应则主要表示对所有地区被解释变量的平均影响效应。表 6-3 对空间效应进行了分解，在 SAR 模型中，直接效应、间接效应和总效应均显著的解释变量为 ln（*Dist*）、ln（*Stru*）、ln（*Ener*） 和 ln（*Pgdp*）。

表 6-3　SAR 模型直接效应和间接效应结果对比

解释变量	弹性系数	直接效应	间接效应
ln（*Dist*）	2.9325*** （3.26）	2.9899*** （3.36）	3.7306** （2.04）

续表

解释变量	弹性系数	直接效应	间接效应
ln（*Tech*）	-0.0067* (-1.85)	-0.0068* (-1.85)	-0.0084 (-1.46)
ln（*Stru*）	0.9725*** (5.88)	1.0045*** (6.03)	1.2405** (2.54)
ln（*Ener*）	-0.9983*** (-2.94)	-1.0184*** (-2.86)	-1.2440** (-2.06)
ln（*Pgdp*）	0.0658*** (4.11)	0.0672*** (4.10)	0.0825** (2.38)
ln（*Open*）	-2.1051 (-0.34)	-2.0153 (-0.32)	-2.3900 (-0.29)
ρ	0.5476*** (6.39)		
N	330	330	330

注：*、**、*** 分别表示 10%、5%和 1%的显著性水平。

从表 6-3 可以看出，ln（*Dist*）的直接效应和间接效应最大，即说明要素市场扭曲对本省和相关省域的雾霾污染影响程度最大，要素市场扭曲不仅会加剧本地区的雾霾污染，对周边地区的雾霾污染也会造成负面影响。ln（*Stru*）、ln（*Ener*）和 ln（*Pgdp*）的直接效应系数和间接效应系数均显著，说明产业结构、能源效率和人均 GDP 三个变量存在空间外溢效应，其变动会对本省和相关省域产生一定的影响，其影响效应与上述的研究结论一致，此处不再赘述。ln（*Tech*）的直接效应系数虽然通过了 10%的显著性水平检验，但是间接效应并不显著，说明技术外溢的效应十分微弱，相邻省域很难从该省的技术革新中获益。

三、要素市场扭曲与雾霾污染的非线性关系检验

（一）门槛模型设定

各地区的要素扭曲程度对雾霾污染的影响有何不同？要素市场扭曲和雾霾污染之间是否存在非线性关系？本节引入 Hansen 提出的面板门槛回归模型，以要素市场扭曲为门槛变量，构建面板门槛方程如下：

$$\ln WM = c_i + \beta_1 \ln Dist_{it} \cdot I(q \leqslant \gamma_1) + \beta_2 \ln Dist_{it} \cdot I(\gamma_1 < q \leqslant \gamma_2) + \beta_3 \ln Dist_{it} \cdot I(q > \gamma_2) + \beta_n \ln Control_{it} + \varepsilon_{it} \tag{6-13}$$

其中，i 表示省份；t 表示年份；$I(\cdot)$ 为指标函数，$Dist_{it}$ 为特定门槛值，$Control_{it}$ 是一系列的外生控制变量（与上面提到的控制变量相同），包括技术进步、产业结构、能源效率、产出水平和贸易开放度，ε_{it} 为随机扰动项。

Hansen 指出，面板门槛估计需要检验两个基本假设：

（1）门槛效应是否显著。以单一门槛为例，其原假设为：$H_0: \beta_1 = \beta_2$，即模型仅存在线性关系；备择假设为：$H_1: \beta_1 \neq \beta_2$，即模型存在门槛效应。

（2）门槛估计量是否等于真实值。原假设为：$H_0: \hat{\gamma} = \gamma_0$，备择假设为：$H_1: \hat{\gamma} \neq \gamma_0$。

（二）门槛效应检验

表 6-4 给出了门槛变量的显著性检验结果。研究发现，单一门槛和三重门槛的 F 值未通过 5%的显著性检验，双重门槛的 F 值通过了 5%的显著性检验，这表明以要素市场扭曲为门槛变量拒绝线性关系的原假设，并且具有双重门槛效应。表 6-5 给出了双重门槛的估计值结果。

表 6-4　门槛变量的显著性检验

门槛变量	假设检验	F 值	P 值	BS 次数	不同显著水平临界值		
					1%	5%	10%
要素市场扭曲	单一门槛	43.421	0.190	300	68.841	57.581	49.630
	双重门槛	13.186**	0.013	300	13.884	-2.847	-10.044
	三重门槛	4.752	0.300	300	18.507	13.000	10.327

注：*、**、*** 分别表示 10%、5%和 1%的显著性水平。

表 6-5　门槛估计值

门槛值	估计值	95%置信区间
第一个门槛值	2.698	[2.393, 5.312]
第二个门槛值	3.236	[3.000, 3.466]

资料来源：由 Stata12.0 软件计算得到。

（三）门槛模型估计结果

表 6-6 给出了要素市场扭曲对雾霾污染影响的门槛估计结果。为了消除异方差的影响，本章对门槛估计结果进行了稳健标准差检验。同时为了便于与门槛模型进行比较，本章还采用了普通面板模型下的固定效应方法和随机效应方法来检验要素市场扭曲对雾霾污染的影响。

表 6-6　门槛模型与线性模型估计结果

变量	面板门槛回归	普通面板回归	
		固定效应	随机效应
$\ln Dist \cdot I\ (q \leq 2.698)$	0.1241 (1.21)	—	—
$\ln Dist \cdot I\ (2.698 < q \leq 3.236)$	0.1964*** (2.89)	—	—
$\ln Dist \cdot I\ (q > 3.236)$	0.5441*** (4.27)	—	—

续表

变量	面板门槛回归	普通面板回归	
		固定效应	随机效应
ln*Dist*	—	0. 2060** (2. 37)	0. 2649** (2. 46)
ln*Tech*	-0. 0414 (-1. 43)	-0. 0892*** (-2. 78)	-0. 0934*** (-3. 02)
ln*Stru*	-0. 3118* (-1. 66)	-0. 5364** (-2. 55)	-0. 2668 (-1. 35)
ln*Ener*	-1. 0460*** (-3. 02)	-0. 5394 (-1. 37)	-0. 1441 (-0. 38)
ln*Pgdp*	0. 0838 (0. 62)	0. 0731*** (6. 35)	0. 0567*** (5. 40)
ln*Open*	-0. 0727 (-0. 93)	0. 2507*** (2. 69)	0. 0568 (0. 89)
_cons	0. 8619*** (7. 05)	0. 5469*** (5. 05)	0. 4947*** (4. 38)
R^2	0. 3983	0. 2746	0. 2612
N	330	330	330

注：*、**、*** 分别表示 10%、5%和 1%的显著性水平。

门槛估计结果如表 6-6 和图 6-1 所示。估计结果表明，要素市场扭曲对雾霾污染的影响具有明显的门槛特征，因此要素市场扭曲与雾霾污染的关系并不是简单的线性关系。随着要素市场扭曲的加剧，其对雾霾污染的影响系数也在相应增加，且均通过了显著性检验。当要素市场扭曲低于门槛值时，要素市场扭曲对雾霾污染的影响作用较弱，随着要素市场扭曲程度的加剧，当要素市场扭曲越过门槛值时，要素市场扭曲对雾霾污染的正向影响会十分明显。这与上述结论一致，说明要素市场扭曲越严重，雾霾污染程度就越严重。

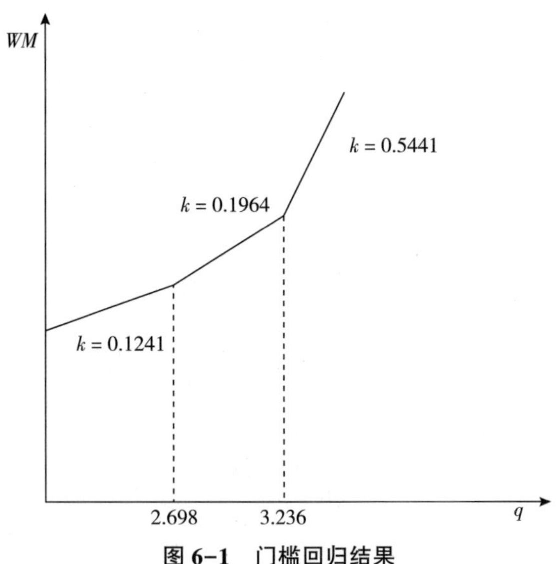

图 6-1 门槛回归结果

根据门槛回归结果，本章以 2015 年截面数据为例，对全国 30 个省域按照要素扭曲程度进行了分类，将其分为低扭曲、中等扭曲和高扭曲省域，分类结果如表 6-7 所示。其中，低扭曲省域主要包括重庆、青海、贵州、宁夏、云南、甘肃，上述省份都分布在西部地区；高扭曲省域主要包括广东、安徽、江苏、河南、山西、四川、上海、湖南、河北、浙江、山东、湖北、北京，这些省份多半分布在经济发达的东部地区。要素市场扭曲严重程度与雾霾污染严重程度的省域对应程度较高。要素市场扭曲较为严重的几个省份，雾霾污染程度也相对较高，这同样证明了要素市场扭曲对雾霾污染具有不可忽视的影响。

表 6-7 要素市场扭曲门槛值省域划分

低扭曲省域（$Dist \leqslant 2.698$）	中等扭曲省域（$2.698 < Dist \leqslant 3.236$）	高扭曲省域（$Dist > 3.236$）
重庆、青海、贵州、宁夏、云南、甘肃	内蒙古、天津、辽宁、吉林、福建、江西、广西、陕西、黑龙江、新疆、海南	广东、安徽、江苏、上海、湖南、河北、浙江、山东、湖北、河南、山西、四川、北京

四、进一步的分析：要素市场扭曲对我国雾霾污染的路径分析

（一）路径假设

根据前面的分析可知，在现行政绩考核制度下，地方政府往往会倾向于以GDP为导向进行要素资源的分配，片面追求GDP增长，持续招商引资，对各种要素的价格和配置进行干预和控制，造成了要素市场扭曲。同时也因为存在着一定的腐败现象，要素资源未能实现合理的配置，加之现有市场存在一定的市场分割情况，所以要素资源在该市场条件下不能完全自由流动。据此，本章提出假设1：GDP锦标赛、市场分割和地区腐败均会加剧要素市场扭曲。

要素市场扭曲导致我国企业倾向于消耗资源来获取更多利润，缺乏一定的压力和动力进行技术革新，且要素市场扭曲会产生一些寻租机会，很多企业利用这些机会，能够以相对比较低的成本获取大量的要素，进而获得一些超额利润。这不仅阻碍了企业自身进行技术研发革新，同时也导致了要素市场的资源错配，对企业技术进步产生负面影响。此外，要素市场扭曲不仅影响了企业的资源配置效率，而且会产生一定程度的垄断，影响企业的自由进入退出，从而导致生产效率的低下，对技术进步革新产生负面影响。据此，本章提出假设2：要素市场扭曲通过抑制技术进步，导致雾霾污染。

在现行政绩考核体制的刺激下，地方政府各自为政，要素市场扭曲导致大量要素流向高耗能、高排放的重工业或者低效率、低水平的轻工业，严重抑制了产业向高新技术产业转型升级。同时，地方政府可能更倾向于向那些国有垄断资本密集型企业提供各项优惠条件，因为此类企业能够创造更多的产值和财税收入，这将扩大垄断企业与其他企业的收入差距。要素市场扭曲使收入差距更加明显，使内需出现明显不足，阻碍了消费结构的合理优化升级，进而抑制产业结构的转型优化升级，导致了粗放型的产业结构，从而加剧了雾霾污染。

据此，本章提出假设 3：要素市场扭曲通过影响产业结构升级，导致雾霾污染。

要素市场扭曲导致要素价格被低估，致使落后产能也未能被及时淘汰，极大地阻碍了企业的技术进步，影响了能源效率的提升。再者，要素市场扭曲使能源效率高的企业未能被合理配置到足够的要素，大部分要素被分配给了有政府背景的相关企业，而这些企业往往生产效率相对低下，缺乏寻求能源效率提升的积极性，从而不利于环境质量的改善。据此，本章提出假设 4：要素市场扭曲通过影响能源效率，导致雾霾污染。

（二）要素市场扭曲对雾霾污染的路径分析

1. 模型构建

结构方程模型是分析多变量复杂关系的建模工具，它能够解释多变量间因果关系以及一些因子间的逻辑关系。结构方程模型有效地整合了因素分析（Factor Analysis）与路径分析（Path Analysis）这两类数据分析法，用来解释各个变量之间的关系。路径分析（Path Analysis）是结构方程模型中不包含测量模型的部分。在 PLS 结构方程模型对数据分布要求低，且样本量较小的情况下，分析路径得到的结果较为理想，能够客观地反映出要素市场扭曲对我国雾霾污染的影响。因此，本章构建 PLS 结构方程模型对要素市场扭曲作用于我国雾霾污染的路径进行分析，探讨雾霾污染是否存在要素市场扭曲——技术水平、产业结构、能源效率——雾霾污染的作用路径。如图 6-2 所示。

考虑到数据的代表性、可得性和科学性，本章选取了以下指标：GDP 锦标赛（A1）选择以 GDP（A11）、人均 GDP（A12）和工业增加值（A13）表示；市场分割（A2）选择用消费品市场分割指数（A21）、劳动力市场分割指数（A22）和资本市场分割指数（A23）表示；地区腐败（A3）选取采用当地国家机关工作人员贪污、受贿和渎职的案件数（A31）表示；要素市场扭曲（A4）由计算得到的劳动力扭曲（A41）、资本扭曲（A42）和总体扭曲（A43）表示；技术进步（A5）选择专利授权量（A51）、R&D 人员（A52）

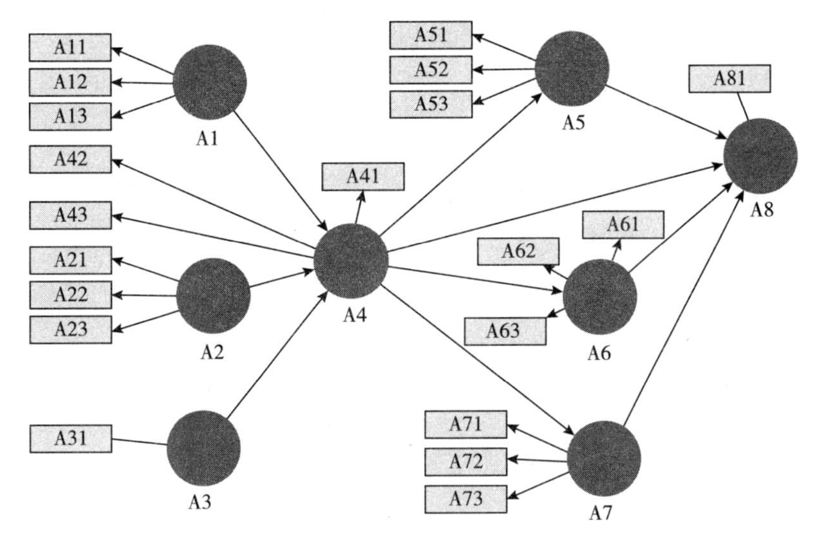

图 6-2 要素市场扭曲对雾霾污染影响路径模拟图

和 R&D 经费（A53）表示；产业结构（A6）选取产业结构整体升级（A61）、产业结构高级化（A62）和产业结构内部演变（A63）表示；能源效率（A7）用能源消费总量（A71）、地区生产总值与能源消费总量的比值（A72）和人均能源消费量（A73）表示；雾霾污染（A8）用雾霾浓度（A81）表示。在结构方程路径图中用圆形表示潜变量 A1~A8，用方框表示显变量指标。

同上节内容一致，本章选取 2005~2015 年我国 30 个省份（不包括港澳台和西藏）为研究对象，同时以 2005 年为基期进行价格因素影响的剔出。数据主要来源于《中国统计年鉴》《中国能源统计年鉴》《中国科技统计年鉴》《中国环境统计年鉴》和《中国检察年鉴》。

本章首先运用 SPSS 16.0 软件，对本章选用的数据进行了标准化处理，然后把进行标准化处理后的数据导入 SmartPLS 3.0 软件进行测算，并据此分别对要素市场扭曲对雾霾污染的作用路径进行进一步分析。

2. 实证结果分析

（1）变量检验。首先对数据的信度和效度进行必要的检验，信度主要反映观测数据的稳定性或一致性，效度主要反映测量手段准确测出所需测量事物的程度。R^2 是路径分析中评价变量解释效果的指标，R^2 越大，说明变量可以被模型解释的程度越高。本章的 R^2 值均在门槛值 0.7 以上，表明这几个变量能够被模型解释的程度较高。Cronbach's Alpha（CA）是用来判断内部一致性的系数，信度系数的数值为 0~1，CA 值越大，表明其信度越高，本章各变量的 CA 值都在门槛值 0.7 以上，表明其具有良好的一致性。Average Variance Extracted（AVE）用来评价模型的聚合效度，反映被解释变量对应的解释变量对该被解释变量的平均差异解释度，由于所有解释变量的 AVE 值都超过了门槛值 0.5，所以说各变量的解释效果较好。Composite Reliability（CR）是所有信度的组合，各 CR 值均在门槛值 0.7 以上，说明数据能准确反映各变量间的关系，所采用的数据具有足够的有效性。

（2）影响效应分析。通过表 6-8 的路径系数可以得到变量间的影响作用大小，系数越大，表明其影响能力越大。

表 6-8 要素市场扭曲对雾霾污染的作用路径及路径系数

路径性质	作用路径	路径系数	p
间接路径	GDP 锦标赛→要素扭曲	0.769***	0.000
	市场分割→要素扭曲	0.119*	0.069
	地区腐败→要素扭曲	0.324*	0.098
	要素扭曲→技术进步	−0.669**	0.000
	要素扭曲→产业结构	−0.811***	0.000
	要素扭曲→能源效率	−0.581**	0.011
直接路径	要素扭曲→雾霾污染	0.670*	0.096
	技术进步→雾霾污染	−0.207**	0.039
	产业结构→雾霾污染	−0.513**	0.036
	能源效率→雾霾污染	−0.717**	0.020

注：根据 SmartPLS 3.0 软件的测算结果整理而得，***、**、*分别表示 1%、5%、10%的显著性水平。

因此，要素扭曲对雾霾污染能够产生直接影响效应，路径系数为 0.670，且在 10%的显著性水平下显著，说明要素市场扭曲对雾霾污染具有不可忽视的影响。技术进步、产业结构升级和能源效率的提高对雾霾污染的路径系数均

为负值，均通过了5%的显著性检验，这与第五章的结论一致，说明技术进步、产业结构变动和能源效率变化均会作用于雾霾污染。技术进步与雾霾污染负相关，且技术进步对雾霾污染的改善非常显著，因此我国应重视科技水平的提高，努力发展高、精、尖科技企业，发挥技术革新的能源优化效应。能源效率的提高也有助于减轻雾霾污染，由于我国是一个传统的工业大国，多数产业具备能耗高、能源利用效率低的特征，通过改进生产设备、提高生产工艺并推广清洁能源的使用等措施，使能源利用水平得到明显提升，并将显著改善雾霾污染。当前我国还是以制造业为主，应当重视产业结构升级和产业布局优化，发展高科技制造业，从而推动经济转型升级，减轻经济发展对环境的负面影响。

GDP锦标赛和市场分割对要素扭曲的路径系数均为正，说明在现行政绩考核制度下，地区政府把GDP放在首要位置，这样粗放型的经济发展模式必然会加剧要素市场的扭曲。市场的分割同样不利于要素的合理分配，低要素市场化程度必然会导致较高的要素市场扭曲程度。地区腐败对要素市场扭曲的回归系数为0.324，且在10%的水平下显著，说明地区腐败加剧了要素市场扭曲。究其原因在于地区官员为了谋求GDP发展，常常与企业进行密切合作，帮助企业获取大量的寻租机会，企业通过行贿政府官员获取低价格的要素，必然会加剧要素市场的扭曲。要素扭曲通过作用于技术进步、产业结构和能源效率，继而对雾霾污染产生影响的路径系数均为负值，说明要素扭曲越严重，越不利于技术进步、产业结构升级和能源效率的提升。综上可知，推动技术进步、提高能源效率和优化产业结构是改善雾霾污染的关键因素。

五、研究结论

本章基于2005~2015年的省级面板数据建立动态面板模型，研究了要素市场扭曲对雾霾污染的影响，主要得到以下结论：①要素市场扭曲加剧了雾霾污染。技术进步和能源效率提高能有效缓解雾霾污染，第二产业比重和人均

GDP 越高，雾霾污染越严重。贸易开放对雾霾污染的影响还不显著。②要素市场扭曲和雾霾污染之间的关系是非线性的，存在显著的门槛效应，要素市场扭曲较严重的地区，雾霾污染也相对较严重。③ GDP 锦标赛、市场分割和地区腐败会加剧要素市场扭曲，要素市场扭曲通过作用于技术进步、能源效率和产业结构对雾霾污染产生影响，因此应当重视技术革新、产业结构升级和能源效率提高。

第七章　产业协同集聚、贸易开放对我国雾霾污染的影响研究

新经济地理学认为，产业在空间范围内的集聚存在着显著的外溢效应和规模经济特征，有利于企业集中生产、集约经营、集中治污和对环境的集中消耗，产业间的协同集聚亦可能具有较强的环境正外部性。在当前空前开放的时代，不能仅局限于考虑协同集聚对环境污染的直接作用，还应考虑协同集聚对环境污染的影响是否依赖于地区的贸易开放。因此，本章基于生产性服务业与制造业协同集聚的研究视角，构建空间计量模型和面板门槛模型，实证考察了生产性服务业与制造业协同集聚、贸易开放与我国雾霾污染的内在联系。

一、研究方法介绍

（一）模型建立

值得关注的是，环境污染存在难以避免的空间自相关性和空间溢出效应，具体表现在一个地区的环境质量在受到自身经济发展影响的同时，往往还可能受到周边地区环境质量的影响。OLS 回归模型假定样本之间是相互孤立的，忽略了样本的空间误差与依赖性，而空间计量模型将地理位置与空间联系有机结

合，解决了因忽略样本空间相关性和空间异质性而造成的误差。目前，空间计量模型主要包括空间误差模型（SEM）和空间自回归模型（SAR），前者主要考虑了空间误差项问题，后者主要考虑了空间依赖性问题。因此，设定如下形式的空间计量模型：

$$\ln Haze_{it}=\rho\sum_{j=1}^{N}W_{ij}\ln Haze_{it}+\varphi_1\ln Coagglo_{it}+\varphi_2\ln Open_{it}+\varphi_3\sum_{i}\sigma_i\ln X_{it}+\phi_i+\nu_t+\varepsilon_{it}$$

$$\varepsilon_{it}=\lambda\sum_{j=1}^{N}W_{ij}\varepsilon_{it}+b_{it} \tag{7-1}$$

其中，*Haze* 表示单位面积的雾霾污染程度；*Coagglo* 表示生产性服务业与制造业协同集聚水平；*Open* 表示贸易开放度；i 表示观测样本；t 表示观测年度；X 表示控制变量；ϕ_i、ν_t、ε_{it} 分别为地区效应、时间效应和随机扰动项；ρ 表示空间滞后系数；λ 表示空间误差系数；W 表示空间权重矩阵。

考虑到产业在空间上的集聚过程受到集聚效应和拥塞效应的双重推动，产业集聚与环境污染的关系将呈现二次函数。本章通过引入产业集聚的二次项来检验集聚效应和拥塞效应对产业集聚与环境污染的作用程度，若二次项符号为负，则表示拥塞效应起关键作用；反之则表示集聚效应起关键作用。同时纳入了产业集聚与贸易开放的交叉项 $\ln Coagglo_{it}\times\ln Open_{it}$，进一步控制贸易开放与产业集聚发展的交互性影响，在式（7-1）的基础上将最终的计量模型设定为：

$$\ln Haze_{it}=\rho\sum_{j=1}^{N}W_{ij}\ln Haze_{it}+\varphi_1\ln Coagglo_{it}+\varphi_2\ln Open_{it}+\varphi_3(\ln Coagglo_{it})^2+$$

$$\varphi_4\ln Coagglo_{it}\times\ln Open_{it}+\varphi_5\sum_{i}\sigma_i\ln X_{it}+\phi_i+\nu_t+\varepsilon_{it} \tag{7-2}$$

$$\varepsilon_{it}=a\sum_{j=1}^{N}W_{ij}\varepsilon_{it}+b_{it}$$

目前，空间权重矩阵 W 主要分为地理邻接型 W_1、地理距离型 W_2 和经济距离型 W_3 三种度量方式，其中地理邻接型又称 0-1 型矩阵，在空间计量中较为常见，也最为简单，若样本之间相互连接，则设定权重为 1，否则为 0，但是该方法存在较大的局限性，认为地理位置不相邻的地区不存在联系的观点与实际情况严重不符。地理距离型 W_2 的计算方式为 $\omega_{ij}=(1/d_{ij})/\sum_{j=1}^{n}(1/d_{ij})$，其中 d_{ij}

表示 i、j 地区的球面距离。经济距离型 W_3 运用较多的是张学良（2012）提出的方法，计算方式为 $\omega_{ij}=(1/|\overline{pgdp_i}-\overline{pgdp_j}|)/\sum_{j=1}^{n}(1/|\overline{pgdp_i}-\overline{pgdp_j}|)$，其中 $\overline{pgdp_i}$ 表示 i 地区观测时间内的人均 GDP 均值。值得关注的是地区产业创新对产业集聚的影响极其重要，产业创新在产业集聚影响环境污染中扮演着至关重要的角色，因而借鉴蔡敬梅（2013）的做法，从产业创新能力角度构建经济权重矩阵，选取专利申请授权量衡量地区创新能力，设定经济权重 W_3 为 $\omega_{ij}=(1/|\overline{ppat_i}-\overline{ppat_j}|)/\sum_{j=1}^{n}(1/|\overline{ppat_i}-\overline{ppat_j}|)$，其中 $\overline{ppat_i}$ 表示 i 地区观测时间内专利申请授权量均值。考虑到仅用地理距离型 W_2 或经济距离型 W_3 设定空间权重矩阵会存在一定的不足，本章参考邵帅等（2016）的思路，设定地理经济距离空间权重矩阵 $W_4=W_2\cdot W_3$，该权重在纳入地理距离空间影响的同时也反映了经济要素的辐射效应，由于专利实施往往存在一定的滞后性，因而在设定创新权重矩阵时选取滞后一期的专利申请授权量。

（二）变量说明

1. 被解释变量

雾霾污染程度（*Haze*）。本章采用单位面积内 PM2.5 来衡量雾霾污染程度。雾霾是由于燃煤排放的烟尘、工业生产排放的废气、交通工具排放的尾气以及道路路面的扬尘等因素引起空气中有害、可吸入颗粒物浓度上升的大气污染现象，其主要成分是 PM2.5 和 PM10。与 PM10 相比，PM2.5 具有颗粒小、活性强、输送距离远、分布广、空气滞留时间长、易携带有毒物质等特性，对居民生活和大气环境的危害程度远大于 PM10，因此本章采用 PM2.5 来反映雾霾污染强度。考虑到 PM2.5 数据的不完善，对 PM2.5 的统计数据只限于各个省会城市和重点城市，加之省会城市又是全省的经济活动重心，各省份 PM2.5 统计数据用省会城市的数据替代。

2. 核心解释变量

贸易开放度（*Open*）。现有研究倾向选取外贸依存度，以进出口贸易总额占 GDP 的比重（FTR）作为衡量贸易开放度的标准，而忽视了进出口贸易与加工贸易之间的内在关系①。相关研究表明中国“勤而不富”，出口企业的生产率可能比非出口企业更低②，其原因在于中国加工贸易额在进出口贸易总额中所占权重较大，加工贸易仅是对原材料进行低端加工后再出口的贸易方式，存在“两头在外”“大进大出”和低增值率的特征，夸大了中国的进出口贸易总额，最终造成实际计量结果存在一定的偏差。为了区分包含加工贸易与不包含加工贸易情况下贸易开放对产业集聚、雾霾污染的异质性，本章尝试对贸易量进行修正处理，即用进出口贸易总额减去加工贸易额的差值占 GDP 的比重（*Open*）作为地区的贸易开放度。

生产性服务业与制造业共同集聚指数（*Coagglo*）。考虑到数据的易获取性以及计算复杂程度，本章采用区位熵衡量地区的生产性服务业集聚（*Psagglo*）和制造业集聚（*Magglo*）指数，其中 e_{ij} 代表 i 地区在 j 产业上的就业人口。具体计算公式为：

$$Agglo_{ij} = (e_{ij} \Big/ \sum_i e_{ij}) \Big/ (\sum_j e_{ij} \Big/ \sum_i \sum_j e_{ij}) \tag{7-3}$$

关于生产性服务业的界定，本章参照宣烨（2012）和于斌斌等（2014）的思路，将“信息传输、计算机服务和软件业”“金融业”“房地产业”“租赁和商务服务业”与“科研、技术服务和地质勘查业”合并为生产性服务业。目前，学术界在测度协同集聚指数方面还没有统一的计算方法，本章借鉴陈国亮等（2012）和杨仁发（2013）的做法，通过产业集聚的相对差异来衡量产业之间的协同集聚水平，具体计算方法为：

$$Coagglo_{it} = \begin{cases} 1-\dfrac{|Magglo_{it}-Psagglo_{it}|}{Magglo_{it}+Psagglo_{it}} & Magglo_{it}+Psagglo_{it} \geqslant 1 \\ \text{不考虑} & Magglo_{it}+Psagglo_{it} < 1 \end{cases} \tag{7-4}$$

其中，*Psagglo* 和 *Magglo* 表示地区生产性服务业和制造业的区位熵值。*Coagglo* 数值越大，表明生产性服务业与制造业的协同集聚水平越高。

① 加工贸易额通常由进料加工、来料加工、装配业务和协作生产四个环节构成。

② Lu 等（2010）的研究发现，在中国无论是在劳动密集型行业还是资本密集型行业，出口企业的劳动生产率均低于非出口企业，通常将在某些行业和所有制中出口企业生产率比非出口企业低的现象称为“出口企业生产率之谜”。

3. 控制变量

劳均物质资本（*Capital*）。大规模的资本投入对经济增长有着重要推动作用，也是导致雾霾污染的主要诱因。参考齐亚伟（2015）的做法，采用物质资本存量与从业人员数量的比值来衡量。资本投入主要指经济系统运行中使用的资本要素，由于难以获取资本使用流量的数据，在资本存量的计算上以张军等（2004）计算出来的1995年中国各省市资本存量为基期，根据惯例选择折旧率，运用永续盘存法将其核算成资本存量，借助资本存量来衡量资本的投入，通过上期资本存量 $K_{i,t-1}$、当期固定资产投资 $I_{i,t}$ 和折旧率 π 计算获取[①]，具体计算公式为：

$$K_{i,t}=I_{i,t}+(1-\pi)K_{i,t-1} \tag{7-5}$$

劳动投入密度（*Labor*）。劳动要素作为知识和能力的主要载体是社会经济活动的直接参与者，对雾霾污染也存在不可忽视的影响。根据东童童等（2015）的处理方法，本章借助从业人员数量与地区面积的比值来衡量。

环境规制（*Regu*）。有效的环境规制可以加速企业产业结构变革，实现企业经济效应与环保效应共赢，加速企业绿色产业链构建，从而实现地区雾霾脱钩。环境规制衡量的方式很多，借鉴蔡海亚等（2017）的做法，用工业污染治理完成投资与GDP比值来表征。

城市蔓延度（*Sprawl*）[②]。城市蔓延是城市化进程的产物，改革开放以来，城镇化的快速推进加剧了城市蔓延的趋势，给经济、社会和生态环境带来了一系列问题，城市蔓延度越高，雾霾污染就越严重。有学者使用城市建成面积增速和城市人口增速的比值（王家庭等，2010），即土地—人口增长弹性来定量测度城市蔓延，但这一指标难以适用于城市面积或市区人口出现负增长的城市，且该指数的核心依然是城市人口密度，并不能从根本上克服平均密度指标的固有缺陷，且增长率为负值时不能对其进行对数处理，在计算上存在诸多不便。本章参考蔡海亚等（2017）的思路，构造如下的城市蔓延度：

① 资本存量借鉴张军等（2004）对中国1952~2000年投资流量、投资品价格指数、折旧率、基年资本存量估算的研究成果，以其计算出来的2000年中国各省市资本存量为基期，并根据惯例令折旧率 π 为9.6%。

② 城市蔓延（*Urban Sprawl*）是指城市化地区失控扩展与蔓延的现象，它使原来主要集中在中心区的城市活动扩散到城市外围，城市形态呈现出分散、低密度、区域功能单一和依赖汽车交通的特点。

$$Sprawl_{it}=\delta density\_employment_{it}+\phi density\_population_{it}=\delta employment_{it}/area_{it}+\phi population_{it}/area_{it} \tag{7-6}$$

其中，*Sprawl* 为城市蔓延度；*density_employment* 为就业密度；*density_population* 为人口密度；*employment* 为非农产业从业人员总数；*population* 为非农人口总数；*area* 为建成区面积；δ、ϕ 为待定系数，此处认为就业密度与人口密度同等重要，δ、ϕ 取 0.5。

市场化水平（*Market*）。地区市场化水平越高，意味着地区经济活动越活跃，环境污染物排放也就越多。本章选取市场化指数来表征市场经济制度，考虑到中国没有市场化发展水平的直接统计数据，此处借鉴樊纲等的做法，从政府与市场的关系、非国有经济的发展、产品市场的发育程度、要素市场的发育程度、市场中介组织发育和法律制度环境五个角度来综合衡量市场化的进展。考虑到中国没有市场化水平的直接统计数据，本章直接采用樊纲等（2011）计算出的各省市 2003~2009 年平均市场化指数，其中 2010~2014 年的数据借助 Matlab 软件运用回归方法计算外插值得出。

（三）数据来源

本章使用的数据来源于历年的《中国统计年鉴》《中国能源统计年鉴》《中国人口和就业统计年鉴》《中国城市统计年鉴》《中国城市建设统计年鉴》及国研网对外贸易统计数据库以及美国国家航空航天局（NASA）公布的全球 PM2.5 浓度图栅格数据。针对部分年份某些统计数据缺失问题，本章依照其呈现出的变化趋势进行平滑处理，在研究对象上选取除西藏和港澳台地区以外的全国 30 个省份。

二、实证检验和结果分析

（一）空间相关性检验

在利用空间计量模型进行估计之前，通常需要检验统计数据是否存在空间

自相关性和空间异质性，常用计量指标有 Getis-Ord G、Moran's I 和 Geary'C 等，本章采用 Moran's I 指数来测度雾霾污染程度的全局空间自相关性，其计算公式为：

$$\text{Moran's I}=\frac{n\sum_{i=1}^{n}\sum_{j=1}^{n}w_{ij}(x_i-\bar{x})(x_j-\bar{x})}{(\sum_{i=1}^{n}\sum_{j=1}^{n}w_{ij})\sum_{i=1}^{n}(x_i-\bar{x})^2} \tag{7-7}$$

其中，n 为研究区域个数；x_i、x_j 为样本 i 和 j 的观测值（$i\neq j$）；$\bar{x}$ 为样本均值；w_{ij} 为空间权重矩阵，若 i、j 相邻 w_{ij} 取 1，若 i、j 不相邻则 w_{ij} 取 0。另外，Moran's I 指数的值介于［-1，1］，若指数小于 0，表明空间负相关，若指数大于 0，表明空间正相关。

标准化 Z 值的检验公式为：

$$Z(\text{Moran's I})=\frac{\text{Moran's I}-E(\text{Moran's I})}{\sqrt{VAR(\text{Moran's I})}} \tag{7-8}$$

其中，$E(\text{Moran's I})=-1/(n-1)$，表示数学期望值；$VAR$（Moran's I）表示方差。当 Z>0 时，代表研究样本具有显著的空间正相关，观测值在空间上趋于集中；当 Z<0 时，代表研究样本具有显著的空间负相关，观测值在空间上趋于分散。

表 7-1 显示了 2003~2014 年我国雾霾污染程度的 Moran's I 指数及其 Z 统计值。研究发现，各年份的 Moran's I 指数均显著为正，表明我国雾霾污染存在明显的空间正相关，“马太效应”显著，具体表现在雾霾污染程度严重的地区趋于同雾霾污染程度严重的地区形成“高高”集聚阵营，雾霾污染程度较低的地区趋于同雾霾污染程度较低的地区形成“低低”集聚阵营，呈现差异显著的两大组团式环状“俱乐部”。

表 7-1　我国雾霾污染程度的 Moran's I 指数及其 Z 统计值

年份	2003	2004	2005	2006	2007	2008
Moran's I	0.470***	0.475***	0.462***	0.442***	0.483***	0.472***
Z 统计值	4.162	4.197	4.095	3.931	4.282	4.189

续表

年份	2009	2010	2011	2012	2013	2014
Moran's I	0.487***	0.440***	0.460***	0.434***	0.482***	0.414***
Z 统计值	4.276	3.897	4.065	3.901	4.456	3.837

注：***、**、*分别表示在1%、5%和10%的水平上显著。

表7-2显示了不同门槛距离情况下，历年我国雾霾污染程度的Moran's I指数及其Z统计值。研究发现，随着省份之间地理距离的不断增加，其雾霾污染的空间溢出效应逐渐减弱，并且在地理距离大于1500 km阈值时，雾霾污染空间溢出效应变得不再显著，甚至变为负向影响，意味着雾霾污染在特定空间范围内可以对周边地区进行强有力的扩散，具有输送距离远、分布广、空气滞留时间长等特性，在空间效应上符合地理学第一定律（Tobler's First Law of Geography）。

表7-2 不同门槛距离情况下我国雾霾污染程度的Moran's I指数及其Z统计值

年份＼距离	0~400 km	0~600 km	0~800 km	0~1000 km	0~1200 km	0~1500 km	0~1600 km
2003	0.625*** [3.248]	0.512*** [4.117]	0.309*** [3.705]	0.257*** [4.085]	0.086** [2.352]	0.045* [1.664]	-0.112 [-1.533]
2004	0.609*** [3.163]	0.483*** [3.895]	0.264*** [3.209]	0.221*** [3.575]	0.068** [1.988]	0.048* [1.715]	-0.096 [-1.204]
2005	0.585*** [3.052]	0.457*** [3.704]	0.223*** [2.884]	0.208*** [3.397]	0.059* [1.812]	0.048* [1.733]	-0.090 [-1.084]
2006	0.537*** [2.816]	0.441*** [3.580]	0.209*** [2.618]	0.192*** [3.162]	0.046 [1.559]	0.039 [1.549]	-0.090 [-1.088]
2007	0.569*** [2.982]	0.469*** [3.805]	0.245*** [3.023]	0.210*** [3.432]	0.051* [1.661]	0.037 [1.500]	-0.098 [-1.254]
2008	0.592*** [3.092]	0.485*** [3.918]	0.260*** [3.182]	0.220*** [3.562]	0.062* [1.888]	0.045* [1.676]	-0.097 [-1.231]
2009	0.629*** [3.254]	0.500*** [4.005]	0.288*** [3.454]	0.250*** [3.956]	0.085** [2.314]	0.056* [1.890]	-0.097 [-1.222]

续表

距离 年份	0~400 km	0~600 km	0~800 km	0~1000 km	0~1200 km	0~1500 km	0~1600 km
2010	0.623*** [3.223]	0.482*** [3.869]	0.261*** [3.168]	0.221*** [3.557]	0.067** [1.962]	0.044 [1.639]	-0.095 [-1.192]
2011	0.601*** [3.119]	0.458*** [3.698]	0.245*** [2.998]	0.209*** [3.401]	0.053* [1.688]	0.042 [1.591]	-0.093 [-1.152]
2012	0.536*** [2.834]	0.442*** [3.620]	0.225*** [2.815]	0.193*** [3.216]	0.049 [1.632]	0.048* [1.737]	-0.083 [-0.962]
2013	0.418** [2.332]	0.361*** [3.115]	0.244*** [3.141]	0.176*** [3.074]	0.096** [2.514]	0.020 [1.194]	-0.082 [-0.986]
2014	0.413** [2.282]	3.393*** [3.340]	0.286*** [3.583]	0.235*** [3.912]	0.146*** [3.618]	0.068** [2.219]	-0.042 [-0.144]

注：***、**、*分别表示在1%、5%和10%的水平上显著。

(二) 全国层面的估计结果分析

由于产业集聚存在显著的空间溢出效应，倘若直接利用普通最小二乘法（OLS）估计，会导致估计系数值有偏或无效，对此本章借助极大似然法（ML）来进行测算。关于空间计量模型SEM和SAR的选择，本章借鉴Anselin（1995）的思路，通过观测SEM和SAR模型的Lagrange乘数及其稳健性来选择最优模型。具体判定标准为：若LM-ERR显著于LM-LAG，并且R-LM-ERR通过显著性检验而R-LM-LAG未通过，则选择SEM模型；反之，则选取SAR模型。对上述被解释变量进行共线性诊断，发现被解释变量的Tolerance（容差）值介于0.356~0.872，均大于0.1，VIF（膨胀因子）值介于1.147~2.810，均小于10，表明变量间不存在多重共线性问题。

表7-3显示了贸易开放修正前和贸易开放修正后的测算结果，发现主要变量的估计系数较为稳健，系数符号基本没有出现变动，但在估计系数值和显著性检验上有所变化，这也是下面将要重点解释的地方。模型（1）和模型（4）检验了协同集聚、贸易开放与雾霾污染的线性关系。结果表明，无论是

贸易开放修正前还是贸易开放修正后，生产性服务业和制造业协同集聚的估计系数较为稳健，由-0.4718 变化为-0.4568，只是在数值大小上略微波动，且至少在 1%水平上显著，表明生产性服务业和制造业的协同集聚对改善环境污染存在显著的促进作用，其原因在于生产性服务业与制造业之间特有的内在联系。生产性服务业贯穿企业生产的上游、中游和下游环节，是依附于制造业并对其提供直接配套的服务业，生产性服务业与制造业共同集聚水平越高的地区，其内部知识和技术外溢效应就越明显，制造业集聚有效地带动了生产性服务业的发展，而生产性服务业集聚通过输出的人力资本和知识资本又反过来推动了制造业的进步，在提升制造业价值链的同时削减了企业要素成本和交易成本，产业内生产效率和管理水平得到显著提升，从而降低了单位产出的污染排放量。而贸易开放修正前和贸易开放修正后对雾霾污染的作用差异较大，虽然两者在数值大小上变化不大，估计系数依次为-0.0604 和-0.0967，但其显著性水平发生了实质性的改变，由负向不显著变为负向显著，其原因在于长期以来加工贸易一直是我国对外贸易的重要形式。但加工贸易同一般贸易有着本质性的区别，加工贸易主要集中在外资企业与劳动密集型企业中，仍旧停滞在 OEM（Original Equipment Manufacturer）的初级发展模式，具有“大进大出”和低增值率的特征，因技术与管理不配套而无法涉及产品的高端生产环节，致使产品的实际附加值和研发设计水平偏低，反映了低端贸易方式对环境污染的改善作用并不理想，改变传统粗放型贸易方式、提升贸易开放质量在抑制环境污染上具有立竿见影的效果。模型（2）和模型（5）纳入了产业集聚的二次项来检验协同集聚与雾霾污染的非线性关系，结果显示协同集聚的二次项系数依次为-0.0443 和-0.0460，符号为负说明协同集聚与雾霾污染呈倒“U”形关系，由于系数未通过 10%的显著性检验，表明该时期并没有产生明显的拥塞效应。进一步由模型（3）和模型（6）的估计结果可知，协同集聚和贸易开放的交互项（$\ln FTR \times \ln Coagglo$）与雾霾污染的关系在贸易开放修正前呈现负向相关，其作用系数为-0.0146。值得关注的是，在贸易开放修正后协同集聚与贸易开放的交互项（$\ln Open \times \ln Coagglo$）对雾霾污染作用系数的绝对值上升了 545.21%，虽然未通过 10%的显著性检验，但说明了贸易开放带来的规

模集聚效应和知识溢出效应能够提升地区的产业集聚水平和管理创新能力，制造业的高度集聚有利于企业将污染治理外包给生产性服务业，从而促进污染治理的专业化和市场化。与传统加工贸易方式相比，高质量的贸易开放对协同集聚的技术溢出效应更为有效，能够显著降低单位产值的能耗水平。

表 7-3　全样本检验结果估计

	贸易开放修正前			贸易开放修正后		
	(1)	(2)	(3)	(4)	(5)	(6)
ln*Coagglo*	-0.4718*** [-3.1585]	-0.5139** [-2.2169]	-0.4855*** [-2.6464]	-0.4568*** [-3.0826]	-0.5011** [-2.1704]	-0.5764*** [-2.7794]
(ln*Coagglo*)^2		-0.0443 [-0.2404]			-0.0460 [-0.2503]	
ln*FTR*	-0.0604 [-1.2643]	-0.0603 [-1.2627]	-0.0624 [-1.2178]			
ln*FTR*×ln*Coagglo*			-0.0146 [-0.1284]			
ln*Open*				-0.0967* [-1.9171]	-0.0966* [-1.9155]	-0.1169** [-2.0860]
ln*Open*×ln*Coagglo*						-0.0942 [-0.8237]
ln*Capital*	0.0176 [0.5959]	0.0167 [0.5615]	0.0180 [0.6062]	0.1117 [0.3971]	0.0105 [0.3527]	0.0131 [0.4447]
ln*Labor*	0.4025*** [7.9421]	0.4017*** [7.9055]	0.4037*** [7.8404]	0.3993*** [8.0213]	0.3984*** [7.9833]	0.4086*** [8.0102]
ln*Regu*	0.1279*** [5.7154]	0.1270*** [5.6307]	0.1286*** [5.5790]	0.1241*** [5.5683]	0.1235*** [5.4960]	0.1286*** [5.6093]
ln*Sprawl*	0.0937 [1.4990]	0.0947 [1.5139]	0.0938 [1.5007]	0.0883 [1.4181]	0.0891 [1.4287]	0.0869 [1.3965]
ln*Market*	0.6984*** [4.5136]	0.7001*** [4.5135]	0.6992*** [4.5157]	0.7295*** [4.8369]	0.7323*** [4.8426]	0.7314*** [4.8531]
λ	0.2279*** [3.5314]	0.2340*** [3.6362]	0.2339*** [3.6363]	0.2339*** [3.6359]	0.2339*** [3.6365]	0.2340*** [3.6363]

续表

	贸易开放修正前			贸易开放修正后		
	(1)	(2)	(3)	(4)	(5)	(6)
Adj-R^2	0.9760	0.9759	0.9759	0.9761	0.9761	0.9761
logL	41.9866	42.0115	41.9945	43.0079	43.0398	43.3472
模型	SEM	SEM	SEM	SEM	SEM	SEM
时间固定	是	是	是	是	是	是
地区固定	是	是	是	是	是	是
N	360	360	360	360	360	360

注：***、**、* 分别表示在 1%、5% 和 10%的水平上显著。

控制变量资本投入密度（*Capital*）与雾霾污染呈微弱的正向关系，但未通过显著性检验，其原因在于政府为了实现 GDP 的政绩考核标准，通过大规模重复投资来刺激地区的第二产业发展，高度雷同的工业园区和工业新区如雨后春笋般兴盛起来，但资本的实际利用效率并不高，容易造成过度竞争和产能过剩问题，对环境污染的改善十分有限（丁志国等，2012）。劳动投入密度（*Labor*）显著加剧了雾霾污染，其根源为中国企业生产依然处于价值链低端，以劳动密集型为主的企业占有较大的市场份额，低端从业者大量集中导致企业清洁技术难以推广。环境规制（*Regu*）对雾霾污染的影响显著为正，本章认为这与我国发展实际相符，企业以追逐利益最大化为经营宗旨，由于污染环境的代价低、守法的成本高，当寻租经济收益高于环境规制成本时，企业往往明知故犯，宁愿扩大生产规模来弥补环境罚款成本。城市蔓延（*Sprawl*）对雾霾污染呈微弱的正向促进作用，其原因在于我国城镇化发展模式较为粗放、发展质量还不高，出现了亚健康和冒进式的城镇化现象，形成以资源匮乏、房价高涨、人口膨胀、生态失衡和交通堵塞为特征的“城市病”，环境污染已成为现代城市的“文明病”。市场化（*Market*）对雾霾污染的影响显著为正，其原因在于以市场化为取向的经济体制改革导致了工业集聚的爆炸式增长，并且长期大范围集聚产生的规模报酬递增和正反馈效应不断进行自我强化，成为中国经济增长的助推器，从而加剧了对环境的污染程度。

（三）分时段雾霾污染的影响因素分析

2006 年，中央政府在“十一五”规划纲要中首次提出将降低能源强度和减少主要污染物排放总量作为衡量国民经济和社会发展的“约束性指标”，弱化 GDP 考核、打破唯 GDP 论的怪圈，减少 GDP 在政绩考核中的权重，旨在实现“既要金山银山，又要绿水青山”的美好愿景。本章参照张华（2016）的研究思路，将研究时期以 2006 年为界分为两个发展阶段，同时考虑到政策执行的滞后性，最终将研究样本划分为 2003~2006 年和 2007~2014 年，探析将节能减排纳入政府绩效考核体系前后产业集聚与雾霾污染的相互关系。全国层面的分析已经指出，贸易开放修正后的模型对雾霾污染影响的解释能力更具说服力，因而本章借助贸易开放修正后的模型对 2003~2006 年和 2007~2014 年两个时段进行测算。

如表 7-4 所示，模型（1）和模型（4）检验了协同集聚与雾霾污染的线性关系；模型（2）和模型（5）检验了协同集聚二次项与雾霾污染的非线性关系；模型（3）和模型（6）检验了协同集聚与贸易开放的交互项与雾霾污染的线性关系。对比两个时段的估计结果可以发现，产业集聚的作用形态发生了重要的变化，无论是直接检验协同集聚、贸易开放与雾霾污染的线性关系，还是引入协同集聚的二次项和协同集聚与贸易开放的交叉项检验协同集聚与雾霾污染的非线性关系。就协同集聚估计系数而言，在 2003~2006 年依次为-0.0432、-0.1680 和 0.0180，均未通过 10%的显著性检验，说明在制造业集聚发展初期大量原始资本汇聚导致产能急剧扩张，而生产性服务业发展则相对滞后、水平不高，企业之间的关联性相对较差，缺乏纵向与横向的联系，产生的知识或技术溢出效应较为有限，单位产出的能耗速度严重超过了资源再生速度和环境承载力的负荷，加之官员“晋升锦标赛”机制的存在，政府过分盲目崇拜 GDP，陷入唯 GDP 论的怪圈，遵循“先发展、后治理”的固有路径，以牺牲环境为代价换取产业集聚和经济增长。相反，协同集聚估计系数在 2007~2014 年依次为-0.5379、-0.8735 和-0.8438，所有数值至少在 5%的水平上显著，表明随着生产性服务业与制造业协同集聚水平的不断提升，在地理和经济的双重空间聚集作用下生产性服务企业和制造企业上下互通，双方的交易成本和搜索成本有所下降。当协同集聚水平上升到一定临界值后，产业集聚的规模效应大于挤出效应，生产性服务业蕴含的高科技、高附加值、高人力资本与制造业进行融合，在提升制造业生产技术、管理水平与资源重新优化配置方面具有推波助澜的效果，显著地降低了单位产出的污染排放量。就贸易开放估计系数而言，在2003~2006年依次为0.0629、0.0638和0.0836，均未通过10%的显著性检验，表明在贸易开放初期地方政府以资本论英雄，将GDP作为政绩考核的标准，借助贸易数量型扩张手段提升产业集聚规模，刺激地区经济增长，然而以政府为主导的集聚往往会提高排污企业寻租的期望收益，从而弱化企业节能减排的硬约束，加之在集聚区内部分企业减排意愿较低，频繁存在免费“搭便车”的行为，最终引发环境“公地悲剧”。值得一提的是，贸易开放估计系数在2007~2014年依次为-0.1676、-0.1656和-0.2160，所有数值至少在5%的水平上显著。本章认为产生该现象的原因是，随着贸易开放水平的提升，地区经济水平也在稳步发展，经济收入达到一定的门槛时，进一步的收入增长将有效带来环境质量的改善或污染水平的降低，居民收入水平的增加也提升了对生活环境质量的诉求。就协同集聚平方项而言，两个研究时段的回归系数为负但不显著，依次为-0.1304和-0.4996，意味着在研究时期内协同集聚与雾霾污染呈倒“U”形关系，协同集聚没有产生明显的拥塞效应。就产业集聚与贸易开放的交叉项而言，两个研究时段的产业集聚与贸易开放的交叉项的估计系数的符号相反，但均未通过10%的显著性检验。值得关注的是该系数大小由0.0819变化为-0.1818，表明贸易开放可以通过改善生产性服务业与制造业协同集聚水平来对环境污染产生间接抑制作用，表现在当贸易发展到一定程度时，促使产业集聚的规模效应大于挤出效应，经济集聚带来的资本、劳动和技术进步能够显著降低单位生产的能源消耗强度，且随着贸易开放水平的提升，其作用程度也会增大。此外，各控制变量估计系数与显著性同全国层面的检验结果较为一致，此处不再赘述。

表 7-4　分时段检验结果估计

	2003～2006 年			2007～2014 年		
	(1)	(2)	(3)	(4)	(5)	(6)
ln*Coagglo*	-0.0432 [-0.2984]	-0.1680 [-0.6620]	0.0180 [0.1072]	-0.5379** [-2.5654]	-0.8735*** [-2.8257]	-0.8438** [-2.0766]
(ln*Coagglo*)^2		-0.1304 [-0.6604]			-0.4996 [-1.4569]	
ln*Open*	0.0629 [1.1547]	0.0638 [1.1637]	0.0836 [1.3890]	-0.1676** [-2.3128]	-0.1656** [-2.3026]	-0.2160** [-2.3759]
ln*Open*×ln*Coagglo*			0.0819 [0.7643]			-0.1818 [-0.8789]
ln*Capital*	0.2455*** [4.5175]	0.2177*** [4.7976]	0.2417*** [5.3356]	-0.0627* [-1.7429]	-0.0715** [-1.9814]	-0.0639* [-1.7778]
ln*Labor*	0.2062*** [2.3840]	0.1875** [2.5260]	0.2013*** [2.6913]	0.4405*** [6.0736]	0.4337*** [5.9862]	0.4575*** [6.1061]
ln*Regu*	0.0266 [1.3023]	0.0274 [1.3671]	0.0243 [1.1792]	0.1761*** [5.4233]	0.1824*** [5.6309]	0.1794*** [5.4938]
ln*Sprawl*	-0.0100 [-0.3392]	-0.0077 [-0.2616]	-0.0106 [-0.3589]	0.1085 [0.4712]	0.1461 [0.6309]	0.0480 [0.1998]
ln*Market*	-0.0075 [-0.0545]	-0.0086 [-0.0636]	-0.0123 [-0.0892]	1.0709*** [4.3246]	1.1414*** [4.5499]	1.0484*** [4.2183]
ρ		0.0919 [1.1669]				
λ	0.0640 [0.5347]		0.0829 [0.6973]	0.1539* [1.8780]	0.1270 [1.5319]	0.1509* [1.8394]
Adj-R^2	0.9974	0.9974	0.9974	0.9708	0.9708	0.9707
logL	162.5345	161.9158	162.8162	15.5808	16.5971	15.9662
模型	SEM	SAR	SEM	SEM	SEM	SEM
时间固定	是	是	是	是	是	是
地区固定	是	是	是	是	是	是
N	120	120	120	240	240	240

注：***、**、*分别表示在 1%、5% 和 10%的水平上显著。

三、扩展讨论与检验

上面仅探讨了生产性服务业与制造业协同集聚、贸易开放与雾霾污染之间的简单线性关系，然而在当前空前开放的时代，针对中国各地区贸易开放水平存在明显的异质性现象，贸易开放对协同集聚的技术外溢也或多或少对雾霾污染存在一定影响，但能否改善雾霾污染仍取决于各地区自身的“吸收消化”能力。那么，各地区间贸易开放程度对雾霾污染的影响又有何不同？生产性服务业与制造业协同集聚对雾霾污染的影响是否依赖于地区的贸易开放程度？为了准确刻画这种非线性效应，本章引入 Hansen（1999）设置的面板门槛回归模型，以贸易开放水平为门限变量，建立生产性服务业与制造业协同集聚与雾霾污染的分段函数。Hansen 构建的单一面板门槛基本方程为：

$$Y_{it}=\mu_{it}+\beta_1 X_{it}\cdot I(q_{it}\leqslant\gamma)+\beta_2 X_{it}\cdot I(q_{it}>\gamma)+\varepsilon_{it} \tag{7-9}$$

其中，Y_{it} 表示解释变量；X_{it} 表示被解释变量；q_{it} 表示门槛变量；γ 表示门槛值；ε_{it} 表示随机误差项；μ_{it} 表示常数项；$I(\cdot)$ 表示指标函数。式（7-9）表达式等价于：

$$Y_{it}=\begin{cases}\mu_{it}+\beta_1 X_{it}+\varepsilon_{it} & (q_{it}\leqslant\gamma)\\ \mu_{it}+\beta_2 X_{it}+\varepsilon_{it} & (q_{it}>\gamma)\end{cases} \tag{7-10}$$

上述模型可以表示为一个分段函数，若 $q_{it}\leqslant\gamma$，则 X_{it} 的系数为 β_1；若 $q_{it}>\gamma$，则 X_{it} 的系数为 β_2。

（一）模型设定

结合本章研究主题，设定如下的门槛回归模型来考察基于不同贸易开放程度下生产性服务业与制造业协同集聚对雾霾污染的影响，其最终表达式为：

$$\begin{aligned}\ln Haze_{it}=&c_i+\beta_1\ln Coagglo_{it}\cdot I(\ln Open_{it}\leqslant\gamma_1)+\beta_2\ln Coagglo_{it}\cdot I(\gamma_1<\ln Open_{it}\leqslant\gamma_2)+\\&\beta_3\ln Coagglo_{it}\cdot I(\gamma_2<\ln Open_{it}\leqslant\gamma_3)+\beta_4\ln Coagglo_{it}\cdot I(\ln Open_{it}>\gamma_3)+\\&\beta_n T_{it}+\varepsilon_{it}\end{aligned} \tag{7-11}$$

其中，*Haze* 表示雾霾污染程度；*Coagglo* 表示生产性服务业与制造业共同集聚指数；*Open* 表示贸易开放度；*T* 为一组控制变量，与上述研究相同；其余变量含义与上式一致。

（二）假设检验

检验 1：门槛效应是否显著。以单一门槛模型为例，原假设为 $H_0: \beta_1=\beta_2$，表示不存在门槛效应；对应的备择假设为 $H_1: \beta_1 \neq \beta_2$，表示存在门槛效应，构建 LM 统计量对零假设进行统计验证，检验统计量为：$F(\gamma)=\frac{SSE_0-SSE_1(\hat{\gamma})}{\hat{\sigma}^2}$。其中，$SSE_0$、$SSE_1(\hat{\gamma})$ 依次为 H_0 和 H_1 假设下得到的残差平方和。由于在原假设 H_0 下，$F(\gamma)$ 为非标准分布，Hansen 提出利用 Bootstrap 自抽样获得渐进分布，进而计算接受原假设的 p 值。

检验 2：门槛估计量是否等于真实值。原假设为 H_0：$\hat{\gamma}=\gamma_0$，备择假设为 H_1：$\hat{\gamma}\neq\gamma_0$，对应的似然比统计量为：$LR_1(\gamma)=\frac{SSE_1(\gamma)-SSE_1(\hat{\gamma})}{\hat{\sigma}^2}$。其中，$SSE_1(\gamma)$、$SSE_1(\hat{\gamma})$依次为 H_0 和 H_1 假设下得到的残差平方和，$LR_1(\gamma)$为非标准分布。当 $LR_1(\gamma_0)>c(\alpha)$时，应该拒绝原假设，其中 $c(\alpha)=-2\log(1-\sqrt{1-\alpha})$，$\alpha$ 表示显著性水平。

（三）门槛效应检验

表 7-5 显示了门槛变量的显著性检验和置信区间。研究发现，单一门槛和双重门槛的 Bootstrap LM 统计值至少在 5%的显著性水平上显著，而三重门槛的 Bootstrap LM 统计值未通过 5%的显著性检验，意味着以生产性服务业与制造业协同集聚水平为门槛变量拒绝线性关系的原假设，且具有双重门槛效应。

表 7-5　门槛变量的显著性检验和置信区间

门槛变量	假设检验	Bootstrap LM 值	不同显著水平临界值		
			10%	5%	1%
ln*Open*	H_0：有 0 个门槛值	32.982***	9.935	16.767	32.170
	H_1：有 1 个门槛值				
	H_0：有 1 个门槛值	19.646**	9.231	12.330	25.645
	H_1：有 2 个门槛值				
	H_0：有 2 个门槛值	16.459*	12.966	21.987	40.871
	H_1：有 3 个门槛值				

注：***、**和*分别表示在 1%、5%和 10%的显著性水平上显著。

表 7-6 显示了双重门槛估计值与置信区间，双重门槛估计值依次为-2.000 和-1.607，相对应的 95%置信区间依次为［-2.031，-2.000］和［-1.607，-1.603］，由于本章最初对各变量做了取对数处理，因而其实际门槛估计值依次为 0.1353（$e^{-2.000}$）和 0.2005（$e^{-1.607}$），相对应的 95%置信区间依次为［0.1312，0.1353］和［0.2005，0.2013］。此处，通过绘制似然比函数序列 LR(γ)趋势图来进一步了解门槛估计值与置信区间的构造过程，如图 7-1 和图 7-2 所示。当 LR(γ)落在图像最低点时，得到协同集聚对雾霾污染的两个贸易开放度门槛值 γ_1(-2.000)和 γ_2(-1.607)，图 7-1、图 7-2 虚线下方为 95%置信区间。

表 7-6　门槛估计值与置信区间

计算门槛值			实际门槛值		
门槛值	估计值	95%置信区间	门槛值	估计值	95%置信区间
第一个门槛值	-2.000	［-2.031，-2.000］	第一个门槛值	0.1353	［0.1312，0.1353］
第二个门槛值	-1.607	［-1.607，-1.603］	第二个门槛值	0.2005	［0.2005，0.2013］

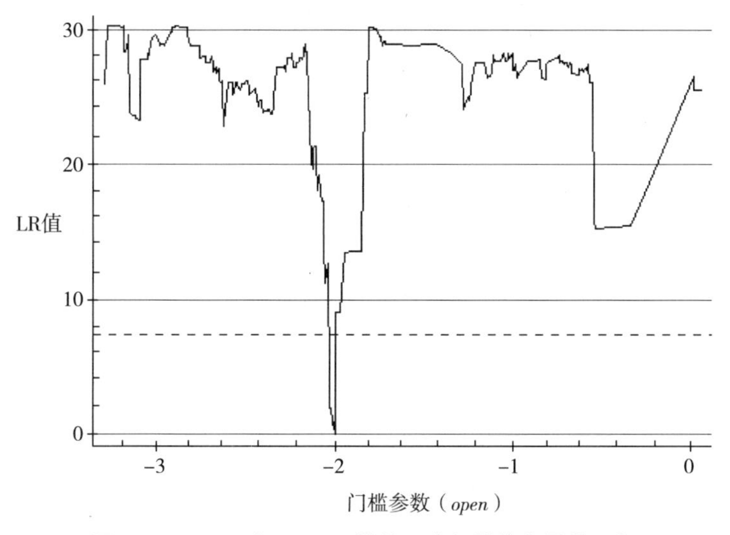

图 7-1　***Open*** 对 ***Coagglo*** 的第 1 个门槛值和置信区间

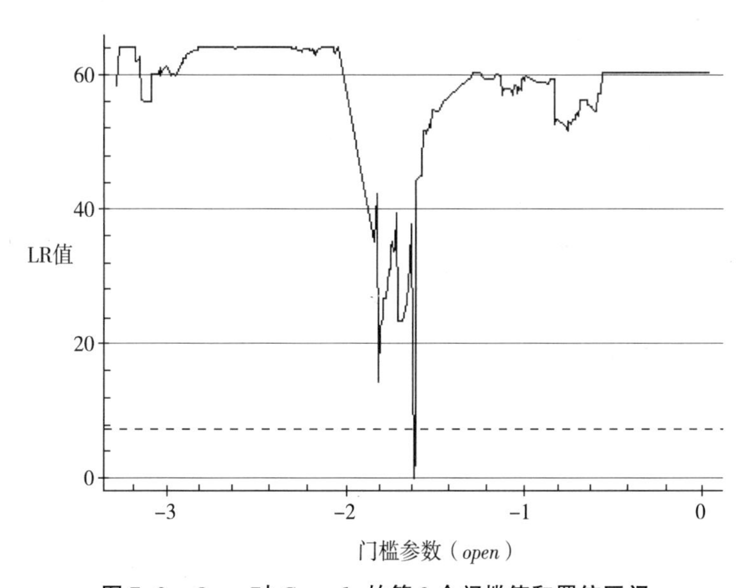

图 7-2　***Open*** 对 ***Coagglo*** 的第 2 个门槛值和置信区间

（四）门槛模型估计结果

表 7-7 显示了门槛估计结果。为了便于与门槛模型进行比较，本章还依次

采用 GMM、固定效应和随机效应方法检验协同集聚与雾霾污染的关系。结果显示普通面板回归系数大概落在门槛回归系数中心区间内，其原因在于贸易开放水平在不同时期所释放的技术和规模效应有所差异，进而间接影响产业集聚对雾霾污染的作用程度。门槛回归表明，在不同的贸易开放阶段下，协同集聚对地区雾霾污染的影响差异较大，存在明显的门槛特征，具体表现在：当贸易开放度（*Open*）低于 0. 1353 时，生产性服务业与制造业协同集聚对雾霾污染的估计系数为负值（-0. 3571），且通过 10%的显著性水平；当贸易开放度（*Open*）落在 0. 1353~0. 2011 时，生产性服务业与制造业协同集聚对雾霾污染的影响发生显著性提升，影响系数变为-1. 3230，且至少在 1%的水平下显著；而当贸易开放度（*Open*）高于 0. 2011 时，生产性服务业与制造业协同集聚对雾霾污染的影响系数未通过 10%的显著性水平，并进一步下降至-0. 071。因此，可以发现生产性服务业与制造业协同集聚与雾霾污染的关系并非为简单的线性关系。

表 7-7　门槛模型与线性模型估计结果

变量	面板门槛	SYS-GMM	OLS 估计	
			FE	RE
ln*Coagglo*（*Open*≤0. 1353）	-0. 357* [-1. 770]			
ln*Coagglo* （0. 1353<*Open*≤0. 2011）	-1. 323*** [-6. 740]			
ln*Coagglo*（*Open*>0. 2011）	-0. 071 [-0. 420]			
ln*Coagglo*		-0. 643*** [-5. 640]	-0. 389*** [-2. 631]	-0. 438*** [-3. 166]
ln*Open*		-0. 068*** [-5. 540]	-0. 075 [-1. 428]	-0. 066 [-1. 345]
ln*Capital*	-0. 007 [-0. 260]	0. 026 [0. 830]	-0. 007 [-0. 238]	-0. 011 [-0. 369]
ln*Labor*	0. 350*** [7. 170]	0. 448*** [12. 270]	0. 340*** [6. 491]	0. 524*** [12. 206]

续表

变量	面板门槛	SYS-GMM	OLS 估计	
			FE	RE
ln*Regu*	0.086*** [3.860]	0.080*** [10.040]	0.102*** [4.389]	0.095*** [4.139]
ln*Sprawl*	0.025 [0.410]	-0.099*** [-5.110]	0.058 [0.883]	0.084 [1.325]
ln*Market*	0.732*** [4.940]	-0.331* [-1.680]	0.795*** [5.037]	0.649*** [4.236]
_Cons	-0.836*** [-3.420]	0.174 [0.900]	-0.995*** [-3.507]	-1.303*** [-4.611]
AR（1）		-3.077 (0.002)		
AR（2）		-1.013 (0.311)		
Sargan test		27.232 (1.000)		

注：*、**、***分别表示在10%、5%、1%的水平上显著；[ ] 内为T值；( ) 内为p值。

对此，可能的解释为，当贸易开放度低于门槛值时，知识溢出和技术溢出效应不明显，产业集聚拥挤效应大于规模效应，致使生产性服务业与制造业协同集聚对雾霾污染的改善作用不显著，但随着贸易开放水平的逐步提升，这种负面效应有所减弱。当贸易开放度越过门槛值时，生产性服务业与制造业协同集聚对雾霾污染正向外部性效应十分显著，一方面，贸易开放带来的技术和知识红利推动着市场和产业集聚规模的急剧膨胀，该时期内随着协同集聚产业共生性的逐步增强，生产性服务业与制造业上下游生产环节互通互联，实现资源的循环利用，产业集聚的规模效应大于挤出效应，技术溢出推动企业生产和管理技术的提升，单位产出的污染排放量有所降低；另一方面，生产性服务业作为制造业发展的高级要素，其所蕴含的人力资本、知识资本和技术资本不断集聚，通过产生竞争效应、学习效应、专业化效应以及规模经济效应等多方面对制造业的升级形成飞轮效应，商品环保技术创新和绿色生产的效率均得到显著提高，起到了改善环境、抑制污染的作用。当贸易开放度越过更高的门槛值时，随着城镇化进程的不断推进，区内人口密度、经济密度持续攀升，土地价格、房屋租金、运营成本的上涨以及不可再生资源的消耗殆尽极大地透支了区内环境的承载能力，致使拥挤效应大于集聚规模效应，政府采取强制性的环境规制措施倒逼企业排污能力的提升，企业面临高昂的排污费用或者被迫淘汰、重新选址，从而对改善环境污染产生一定的抑制作用。此外，各控制变量估计系数与显著性同全国层面的检验结果较为一致，此处不再赘述。

本章又进一步地分析了 2003 年、2008 年和 2014 年各省份贸易开放度门槛通过情况。2003 年，有 18 个省份未跨越贸易开放度（*Open*）的第 1 个门槛值 0.1353；2008 年减少至 17 个；随着对外开放的不断深入，到了 2014 年进一步减少至 12 个，但宁夏、河南、湖北、陕西、山西、甘肃、贵州、湖南、青海和内蒙古一直低于门槛值 0.1353。2003 年，仅有吉林跨过贸易开放度（*Open*）第 1 个门槛值；2008 年则变更为黑龙江与河北；在 2014 年数量增加较为明显，越过门槛的省份为江西、新疆、广西、四川、安徽、云南和黑龙江。2003 年、2008 年和 2014 年，跨越贸易开放度（*Open*）第 2 个门槛值 0.2005 的省份则较为稳定，一直保持在 11 个，虽然内部省份有所更迭，但北京、天津、辽宁、上海、江苏、山东、浙江、福建、广东和海南在上述时段内均未发生变动。造成这种现象的原因是：虽然我国先后实施了促进中部地区崛起和西部大开发战略，提倡大力发展中西部地区的贸易，但是由于经济、社会、地理等因素的制约，目前中西部地区的贸易开放水平仍然较低，未能形成有效的规模经济，因而需要进一步扩大贸易开放水平。然而，值得关注的是东部地区绝大多数省份贸易开放水平跨过第 2 个门槛值，但在较高的贸易开放水平下，生产性服务业与制造业协同集聚对雾霾污染的改善反而并不显著。因为东部沿海地区作为对外开放的窗口，随着自身经济实力的不断增强，对外资的引入变得更加理性化，从追求数量向提升质量转变，因而对外资企业技术与能耗水平的进入门槛要比中西部地区高得多，同时东部地区由于对外开放的政策红利已获得较高的利用外资额，众多的外资企业与本地企业在资源要素上存在

一定的竞争，对 FDI 产生明显的挤出效应，致使贸易开放对产业集聚释放的技术外溢效应有所减弱。

四、研究结论

本章将环境污染扩展到生产密度理论模型中，基于生产性服务业与制造业协同集聚的研究视角，构建空间计量模型和面板门槛模型，实证考察了生产性服务业与制造业协同集聚、贸易开放与我国雾霾污染的内在联系。研究结论如下：①生产性服务业与制造业协同集聚对我国雾霾污染存在明显的改善作用，在剔除了加工贸易量进行修正后，贸易开放对改善我国雾霾污染发生实质性的转变，表明改变传统粗放型贸易方式、提升贸易开放质量在抑制环境污染上具有立竿见影的效果；②生产性服务业与制造业协同集聚与贸易开放交叉项对我国雾霾污染存在负向影响，意味着贸易开放带来的规模集聚效应和知识溢出效应能够在一定程度上提升地区的产业集聚水平和管理创新能力，显著降低单位产值的能耗水平，间接制约产业集聚外部性对我国雾霾污染的影响；③分时段检验发现，贸易开放与生产性服务业与制造业协同集聚存在消化吸收的过程，在初期对抑制雾霾污染促进不显著，随着时间的推移促进作用变得显著；④贸易开放和生产性服务业与制造业协同集聚对雾霾污染的作用因两者发展的不匹配而存在“门槛效应”，在不同的贸易开放度下，生产性服务业与制造业协同集聚对地区雾霾污染的影响差异较大。中西部地区的贸易开放水平仍然较低，未能形成有效的规模经济，因而需要进一步扩大贸易开放水平，而东部地区绝大多数省份发展进入瓶颈期，对外开放释放的政策红利有限，FDI 产生明显的挤出效应，致使贸易开放对产业集聚释放的技术外溢效应有所减弱。

第八章　污染物源头控制模式对我国雾霾防治的效应研究

雾霾污染的有效防治是经济社会可持续发展的基础和前提，保护大气环境是经济新常态下环境观与经济观的完美结合。鲜有学者在污染物源头控制视角下对我国雾霾防治效应进行研究。因此本章将剖析污染物源头控制对雾霾污染防治的作用机理，并采用 PVAR 模型、Granger 因果检验模型和脉冲响应模型分别从燃烧源控制、工业源控制和交通源控制三个层面分析源头控制影响我国雾霾的防治效应，为我国从“三源”控制角度明确雾霾防治重点和制定防治措施提供科学依据，从而丰富和发展有关雾霾污染防治的研究内容。

从源头处控制雾霾污染物产生是实现我国雾霾防治的根本途径。本章首先根据我国雾霾污染物多源并发的特征，将我国的雾霾污染物来源划分为燃烧源、工业源和交通源。其中，燃烧源指高化石能源消耗、垃圾废物的肆意燃烧对雾霾污染物产生的影响；工业源指高耗能、重工业产业发展对雾霾污染物产生的影响；交通源指交通运输体系对雾霾污染物产生的影响。其次，结合第二章中关于经济新常态下污染物源头控制模式对我国雾霾防治作用机理的分析，引入 Granger 因果检验模型和脉冲响应模型，依次检验经济新常态下燃烧源控制（能源结构优化及效率提升、垃圾废物无公害处理）、工业源控制（产业结构及布局优化、工业减排技术进步）和交通源控制（公共交通建设、私车保有量控制）对我国雾霾防治的作用路径，为我国从“三源”控制角度明确雾霾防治重点和制定防治措施提供科学依据。

一、PVAR 模型的建立

向量自回归模型（VAR）由 Sims（1980）发现并提出。在 VAR 模型中，自变量是因变量的滞后项，所有变量均可看作内生变量，经方程的模拟运算可以知道各个变量间的相互影响。经过 Pesaran 和 Smith（1995）、I. Love 和 Zicchino（2006）等的研究，VAR 模型不再局限于时间序列，面板向量自回归模型（PVAR）在其前提下得以建立。PVAR 模型将模型中的所有变量看作内生变量，允许面板向量自回归模型中存在个体效应差异、截面的时间效应，除此之外还可以反映变量之间的脉冲反应。最重要的是，VAR 模型会受到样本数据时间长度的约束，但 PVAR 模型很好地克服了该项不足。目前，同时具备时间序列与面板数据研究长处的 PVAR 模型已经逐渐被大量应用到实证研究中。

本章借助面板向量自回归模型，建立雾霾污染（*Haze*）、燃烧源控制（*Combustion*）、工业源控制（*Industrial*）、交通源控制（*Vehicle*）四变量 PVAR 模型，并运用格兰杰因果检验和脉冲响应函数图等计量经济学手段，依次在经济新常态下针对燃烧源控制、工业源控制和交通源控制对我国雾霾防治的作用路径进行研究，进而得出相关结论并提出相关可行性建议。

面板向量自回归模型的一般形态为：

$$y_{i,t}=\alpha_i+\gamma_t=\sum_{j=1}^{p}\Gamma_j y_{i,t-j}+u_{i,t} \quad i=1,\cdots,N;t=1,\cdots,T \tag{8-1}$$

其中，$y_{i,t}$ 为截面个体 i 在 t 时间 M 个可观测变量的 $M\times 1$ 向量；Γ_j 为滞后期不同变量的待估系数矩阵（$M\times M$）；α_i 为个体 i 的 M 个不可观测的个体固定效应矩阵；γ_t 是 $M\times 1$ 向量，解释模型中各变量的时间趋势；$u_{i,t}$ 为随机误差项。

二、数据来源与变量选取

（1）雾霾污染（*Haze*）。我国使用 PM2.5 数据表示雾霾污染。自 2013 年起我国才开始对重点城市的 PM2.5 数据进行监测，各省份在数据上都有所缺失。此外，由于省会城市经济活动密度大，能较好地替代各省数据，因此采用省会城市的 PM2.5 数据来衡量各省份的雾霾污染程度。

（2）燃烧源控制（*Combustion*）。化石燃料燃烧是雾霾污染的重要来源，因此本章将能源消费总量和国内（地区）生产总值的比值，即单位 GDP 能耗作为燃烧源控制的指标。它可以反映能源消耗程度和能源使用效率。例如，假设产出同样单位的 GDP，用原煤进行生产所需要消耗的能源量要比天然气高，单位 GDP 能耗的降低是燃烧源控制的具体表现。

（3）工业源控制（*Industrial*）。大量实证研究表明第二产业所占比重与 PM2.5 浓度成正比，第三产业所占比重与 PM2.5 浓度成反比。第三产业对能源需求量较少，不仅能带动 GDP 的提升，还可以减少环境污染，是治理雾霾的重要途径。因此，本章选取第三产业产值占 GDP 的比重来反映工业源控制对雾霾污染的影响。

（4）交通源控制（*Vehicle*）。机动车保有量急剧增长，随之带来交通拥堵，大气污染现象层出不穷。政府大力支持公共交通发展，增加各地区公共交通车辆数量，试图缓解交通拥堵压力以及不断加重的雾霾污染。考虑到数据的可得性，本章选取每万人拥有公共交通车辆来考察交通源控制对雾霾污染的影响。

本章选取 2003~2014 年我国 30 个省份（不包括西藏及港澳台）为研究对象。其中 2003~2012 年的 PM2.5 数据来自 NASA 发布的世界 PM2.5 浓度图栅格数据，2013~2014 年的 PM2.5 年浓度数据来自 2014~2015 年的《中国统计年鉴》，其他数据来源于《中国统计年鉴》《中国环境统计年鉴》《中国能源统计年鉴》。将相关变量雾霾污染程度（*Haze*）、燃烧源控制（*Combustion*）、工业源控制（*Industrial*）和交通源控制（*Vehicle*）代入式（8-1），得到 $y_{i,t} = (Haze_{i,t}, Combustion_{i,t}, Industrial_{i,t}, Vehicle_{i,t})^T$ 这一向量矩阵，其中 i 为各省市，t 为各年份。

在数据处理过程中为了避免受到异方差的影响，我们将 *Haze*、*Combustion*、*Industrial* 和 *Vehicle* 所有数据进行自然对数变换，分别表示为 *lhaze*、*lcom-*

bustion、*lindustrial* 和 *lvehicle*，其对数的一阶差分分别为 *Dlhaze*、*Dlcombustion*、*Dlindustrial* 和 *Dlvehicle*，数据的处理与检验分析在 EViews 8.0 以及 Stata12.0 软件上完成。

三、模型的检验

（一）面板数据的平稳性

面板数据因其自身的特征，既显示了时间方面的维度又显示了截面方面的维度信息，很大程度上显示出有单位根的可能。因此，为防止因为存在单位根而发生“伪回归”现象，保证实证模型的准确性，大多采用单位根检验的方法对数据的平稳性进行检验。本章使用 LLC 检验、IPS 检验、ADF 检验和 PP 检验对 *lhaze*、*lcombustion*、*lindustrial* 和 *lvehicle* 的水平值或一阶差分值进行单位根检验，检验结果如表 8-1 所示。

表 8-1　单位根检验结果

单位根检验	检验方法	*lhaze*	*lcombustion*	*lindustrial*	*lvehicle*
水平值	LLC	-4.124***	-6.501***	4.725	-2.525***
	IPS	-0.365	1.302	5.528	1.744
	ADF	61.689	48.321	22.108	43.218
	PP	72.021	68.158	22.306	76.365*
一阶差分值	LLC	-7.258***	-7.745***	-4.196***	-10.869***
	IPS	-4.398***	-4.805***		-5.269***
	ADF	121.388***	122.365***	84.369**	131.369***
	PP	236.329***	268.369***	147.258***	241.365***

注：*、** 和 *** 分别表示在 10%、5%和 1%的显著性水平上通过了 t 检验。

由表 8-1 可知，*Haze*、*Combustion*、*Industrial* 和 *Vehicle* 取对数后，*lhaze*、 *lcombustion*、*lvehicle* 均通过了 LLC 检验，但剩下一个检验没有通过，于是继续取一阶差分值进行检验，结果发现 *Dlhaze*、*Dlcombustion*、*Dlindustrial* 和 *Dlvehicle* 在 1%的显著性水平下是平稳的，表明以上四个变量均一阶单整序列。

（二）滞后阶数 P 的确定

在建立 PVAR 模型前，应当知道其最佳滞后阶数。采用面板 VAR 模型可以准确估计该变量的滞后和其余变量的滞后对该变量的短期影响，在选择滞后阶数时，通常采用 LogL、LR、FPE、AIC、SC 和 HQ 六个指标。结果如表 8-2 所示，最佳滞后阶数为二阶。

表 8-2 模型滞后阶数

Lag	LogL	LR	FPE	AIC	SC	HQ
0	391. 235	NA	2. 70E-11	-12. 855	-12. 831*	-12. 585*
1	411. 325	34. 265	2. 30E-11	-13. 112	-12. 187	-12. 551
2	426. 325	27. 213*	2. 49e-11*	-13. 114*	-11. 600	-12. 331
3	433. 214	15. 614	3. 15E-11	-12. 952	-11. 147	-12. 223
4	442. 365	13. 214	3. 66E-11	-12. 222	-10. 187	-11. 235
5	461. 236	17. 325	4. 20E-11	-12. 236	-9. 669	-11. 214
6	466. 325	9. 254	6. 21E-11	-12. 321	-8. 811	-11. 114
7	490. 365	16. 365	7. 12E-11	-12. 442	-8. 445	-10. 326
8	511. 365	18. 369	7. 06E-11	-12. 605	-7. 778	-10. 677

注：* 表示在 10%的水平上显著。

（三）面板 VAR 稳定性检验

本章采用单位根图来检验滞后 2 期时模型是否稳定，检验结果如图 8-1 所示，说明在滞后 2 期时所有单位根的倒数均在单位圆内，表示模型稳定，因此可以进一步建模。

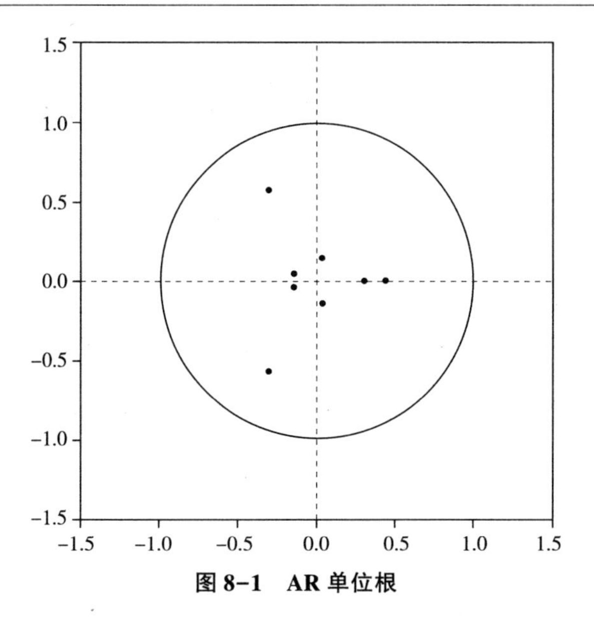

图 8-1　AR 单位根

四、实证结果与分析

（一）PVAR 分析

在面板向量自回归（PVAR）估计之前，首要工作就是对面板数据中的固定效应进行处理，本章将利用 Stata 中的程序 PVAR 处理年份效应（使用 Helmet 前向均值差分），促使滞后变量和处理后的变量产生正交，致使其与误差项无关，因此将滞后变量作为工具变量是可行的。通过 GMM 估计获取系数的有效估计，具体结果如表 8-3 所示。其中，本章大多数参数估计值的 T 值较小，在国内外的面板自向量回归模型估计中也属于正常现象，大多数参数估计值都无法通过 t 检验。表 8-3 中 b_GMM 表示 GMM 估计系数，*L*_表示滞后 1 期，*L2*_表示滞后 2 期。由于 PVAR 模型将全部变量都看作内生变量，从而并不用分辨其外生变量，所以可以将雾霾污染程度、燃烧源控制、工业源控制和交通源控制视为PVAR模型的内生变量。由于本章研究的是源头控制对雾霾的防治效应，所以将雾霾污染程度当作依赖变量，PVAR估计结果如表8-3所示。

表8-3 PVAR模型的GMM估计

	Dlhaze	*Dlcombustion*	*Dlindustrial*	*Dlvehicle*
	b_GMM	b_GMM	b_GMM	b_GMM
L. h_dlhaze	-0.100*	0.021**	-0.032**	-0.008
L. h_dlcombustion	-0.745	0.388	0.257**	0.104
L. h_dlindustrial	1.201**	-0.166	0.174*	0.035
L. h_dlvehicle	0.421**	-0.041*	0.034	0.099*
L2. h_dlhaze	-0.068	0.030**	0.036***	0.009
L2. h_dlcombustion	-1.410**	0.455***	0.363***	0.077
L2. h_dlindustrial	0.076	-0.044	0.041	-0.060
L2. h_dlvehicle	0.187	0.009	0.036	-0.033

注：*、**和***分别表示在10%、5%和1%的显著性水平上通过了t检验。

据此可得到如下结论：在1%的显著性水平下，表格中滞后2期的*dlcombustion*对自身以及对*Dlindustrial*都有非常显著的正向影响，滞后2期的*Dlhaze*对*Dlindustrial*有显著正向影响。在5%的显著性水平之下，滞后1期的*Dlindustrial*、*Dlvehicle*以及滞后2期的*Dlcombustion*对*Dlhaze*有较大影响，滞后1期和滞后2期的*Dlhaze*对*Dlcombustion*有正向影响，滞后1期的*Dlhaze*与*Dlcombustion*对*Dlindustrial*有较为显著的影响。在10%的显著性水平下，滞后1期的*Dlhaze*、*Dlindustrial*和*Dlvehicle*对自身有影响，滞后1期的*Dlvehicle*对*Dlcombustion*有影响。由分析结果可知，除去滞后变量对自身的影响外，虽然燃烧、工业、交通源控制的滞后期不同，但对雾霾污染程度影响的显著度都较高，说明污染物源头控制对雾霾的防治是有一定影响的。

（二）格兰杰因果检验

Granger（1969）建立了格兰杰因果检验方法，经过Sims（1972）的推广得

到广泛应用，主要用于检验计量模型中变量的因果关系，并且已经成为一种主流检验。这种检验可以清楚地展现变量 X 是否引起变量 Y 的变化，就是说变量 Y 是否可以被过去的变量 X 解释。如果变量 X 与变量 Y 之间的相关系数在统计上显著，变量 X 就是变量 Y 的格兰杰原因，即变量 X 可引起变量 Y 的变动。

由前面分析可知，最佳滞后阶数为二阶，但考虑到实际检验时，为保证结论的可靠性，一般取不同的滞后阶数进行检验，只有当结论相对稳定时，才可得出格兰杰因果关系成立的结论，于是选取了 1~3 期进行检验。如表 8-4 所示，燃烧源控制和工业源控制在滞后 1、2、3 期的情况下都是雾霾污染程度的格兰杰原因，而交通源控制对雾霾污染程度的格兰杰原因却不明显。

表 8-4 格兰杰因果关系检验

序号	原假设	滞后期	F 统计量	P 值	检验结果
1	*Dlcombustion* 不是 *Dlhaze* 的格兰杰原因	1	11.966	0.0009	拒绝
2	*Dlhaze* 不是 *Dlcombustion* 的格兰杰原因	1	5.698	0.020	拒绝
3	*Dlindustrial* 不是 *Dlhaze* 的格兰杰原因	1	7.639	0.005	拒绝
4	*Dlhaze* 不是 *Dlindustrial* 的格兰杰原因	1	6.539	0.011	拒绝
5	*Dlvehicle* 不是 *Dlhaze* 的格兰杰原因	1	1.115	0.300	接受
6	*Dlhaze* 不是 *Dlvehicle* 的格兰杰原因	1	0.801	0.367	接受
7	*Dlcombustion* 不是 *Dlhaze* 的格兰杰原因	2	11.365	2.0E-05	拒绝
8	*Dlhaze* 不是 *Dlcombustion* 的格兰杰原因	2	18.636	3.9E-08	拒绝
9	*Dlindustrial* 不是 *Dlhaze* 的格兰杰原因	2	2.556	0.084	拒绝
10	*Dlhaze* 不是 *Dlindustrial* 的格兰杰原因	2	10.665	5.9E-05	拒绝
11	*Dlvehicle* 不是 *Dlhaze* 的格兰杰原因	2	0.055	0.949	接受
12	*Dlhaze* 不是 *Dlvehicle* 的格兰杰原因	2	1.478	0.277	接受
13	*Dlcombustion* 不是 *Dlhaze* 的格兰杰原因	3	10.211	3.1E-06	接受
14	*Dlhaze* 不是 *Dlcombustion* 的格兰杰原因	3	8.236	4.2E-05	拒绝
15	*Dlindustrial* 不是 *Dlhaze* 的格兰杰原因	3	15.369	7.1E-09	拒绝
16	*Dlhaze* 不是 *Dlindustrial* 的格兰杰原因	3	7.158	0.0003	拒绝
17	*Dlvehicle* 不是 *Dlhaze* 的格兰杰原因	3	0.785	0.624	接受
18	*Dlhaze* 不是 *Dlvehicle* 的格兰杰原因	3	4.857	0.003	拒绝

（三）脉冲响应分析

脉冲响应反映了某个内生变量的标准差冲击对其他内生变量的动态影响。在图 8-2 中，横轴表示脉冲时期，纵轴代表某个内生变量对其脉冲的响应程度，位于中部的线条是响应函数曲线，上下两侧线条是指有两倍标准差的置信区间。本章中 4 个变量共产生了 16 个脉冲响应图，由于本章主要分析燃烧源控制、工业源控制和交通源控制对我国雾霾的防治作用，所以主要选取了雾霾污染程度对燃烧源控制、工业源控制和交通源控制冲击时的脉冲影响。

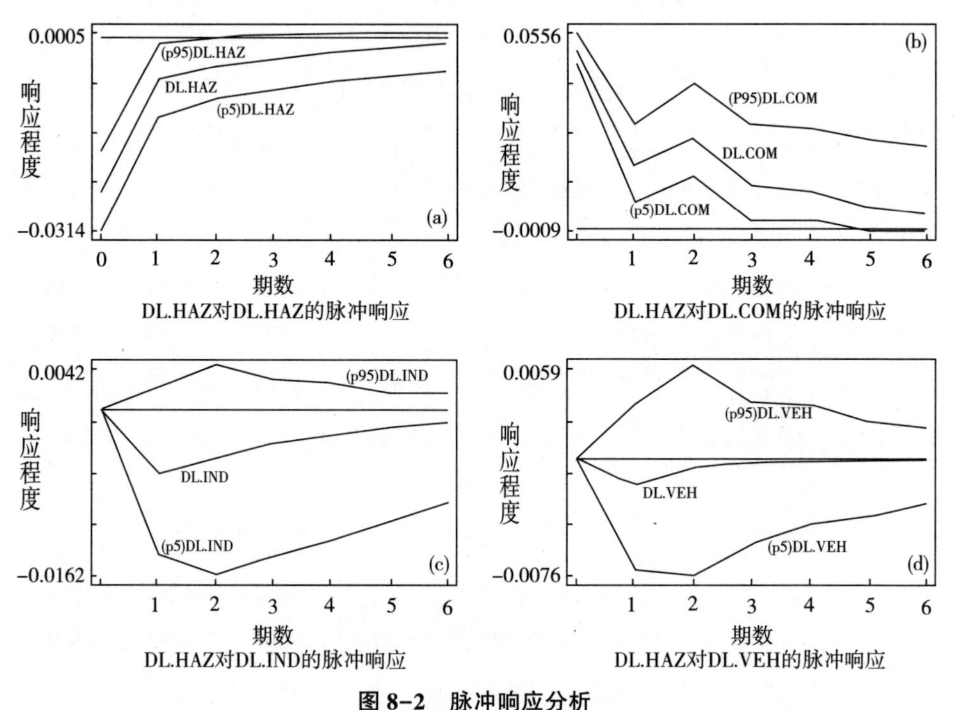

图 8-2　脉冲响应分析

首先，由图 8-2 可见，当雾霾污染程度受到其本身 1 个标准差的冲击后，立刻对自身产生略强的负向影响，在第 2 到第 6 期负向影响有所弱化，并收敛于零水平线上，表明本期行为对后来的作用逐步消失。

其次，当雾霾污染程度受到燃烧源 1 个标准差的冲击时，一直保持为正向

影响，并在第 1 期达到最大值，说明燃烧源控制对雾霾防治起到成效，然后正向作用逐渐减小，表明影响逐渐减弱。当雾霾污染程度受到工业源 1 个标准差的冲击后，其对雾霾的负向影响逐渐加大，达到峰值后作用缓慢变弱，但其影响始终是负值，并在第 6 期靠近零水平线。当雾霾污染程度受到交通源 1 个标准差的冲击后，与工业源控制的走势较为相似，脉冲影响由大到小，并且始终为负，但其波动幅度较工业源来说相对较小，并在第 3 期后趋于平稳，收敛于零水平线上。

（四）进一步的分析与讨论

由于燃烧源控制在滞后 1、2、3 期的情况下都是雾霾污染程度的格兰杰原因，可见我国对燃烧源进行控制是有意义的，且燃烧源控制缓解雾霾污染的效应具有较强的稳定性和持续性。同时从图 8-2 还可以看出，当雾霾污染程度受到燃烧源 1 个标准差的冲击后，始终表现为正向影响。由于本章采用单位 GDP 能耗作为衡量燃烧源控制的指标，而脉冲响应图显示单位 GDP 能耗的提高，会加剧雾霾污染的严重程度，也从侧面说明能源效率的提升对雾霾污染的防治具有一定的作用。此外，在图 8-2 中，燃烧源控制相较工业源、交通源冲击的波幅更大，可见燃烧源控制对我国雾霾污染的影响不仅更持久且更为强烈，燃烧无疑是雾霾污染的重要源头。通过控制燃烧源可以最大限度地减轻雾霾污染的程度，也是高效率治理雾霾污染的主要抓手和重要着眼点。

由于工业源控制在滞后 1、2、3 期的情况下都是雾霾污染程度的格兰杰原因，所以工业源控制对我国雾霾防治的成效也较为明显且持久。然而当雾霾污染程度受到工业源 1 个标准差的冲击后，总体却为负向影响，说明第三产业占比的持续上升会对雾霾污染程度的降低起到一定作用。同时从图 8-2 来看，工业源控制却表现出不一样的特征和走势，其对雾霾污染影响的波动较大。具体而言，第 1 期作用较为微弱，第 2 期才达到最大值，对冲击的反应较慢，且伴随着脉冲期的逐渐变长，这种影响趋于平稳，并向零效应收敛。这可能是由于产业结构的调整涉及多个方面，影响效应的有效发挥需要一个过程，加之我国正处于产业结构调整的关键时期，工业企业的结构性升级更需要其持续的变化调整才会对雾霾起作用。此外，由于工业源控制的冲击幅度要小于燃烧源控制，因此立足于化解结构性矛盾，还要不断加强和完善工业源控制对缓解雾霾污染的效应，发挥出产业结构调整升级应有的作用。

从结果来看，交通源控制对雾霾污染程度的格兰杰原因尚不明显，这可能是由于汽车尾气造成的雾霾污染大多发生在经济发达且交通易堵塞地区。但着眼于全国层面，各地区经济发展水平、城市化水平和交通拥堵情况有着显著的差异，加之燃烧源和工业源是决定一地区雾霾污染程度的更为关键的因素，最终交通源控制对雾霾污染的缓解效应反而被燃烧源和工业源的污染效应所抵消，就可能会导致交通源控制的政策效果并不明显。然而立足于脉冲响应法的分析，当雾霾污染受到交通源 1 个标准差的冲击后，大体上依然呈现出负向影响，但影响度却小于燃烧源和工业源。因此，还要采取适当的措施催生出交通源控制对缓解雾霾污染强有力的效应。一方面，对于特大城市，政府要通过限行、摇号等措施对私家车数量进行有效规划与控制；另一方面，对于中、小城市，由于人们为了出行的方便也更偏好私人汽车，政府部门就要加强道路交通规划的科学性与长远性，防止未来可能出现的交通拥堵现象对雾霾污染的作用。综上所述，尽管我国公共交通车辆数量的增多也会降低雾霾污染程度，但这种影响还较为微弱，影响效应不明显，我国对于交通源的控制还要持续增强。

五、研究结论

本章通过剖析污染物源头控制对雾霾污染防治的作用机理，研究实现我国雾霾防治的根本途径，即如何从源头控制雾霾污染物的产生来有效控制雾霾污染。采用 Granger 因果检验模型和脉冲响应模型从燃烧源、工业源和交通源三个层面，依次检验燃烧源控制、工业源控制和交通源控制对我国雾霾防治的影响效应。实证结果表明：燃烧源和工业源控制在滞后 1、2、3 期的状态下是雾霾污染程度的格兰杰原因，交通源控制并不是雾霾污染程度的格兰杰原因，对

燃烧源、工业源和交通源进行控制对我国雾霾污染起到了一定的抑制作用。同时，脉冲响应图显示控制燃烧源、工业源和交通源对我国雾霾污染皆起到一定的抑制作用，从而为我国从“三源”控制角度明确雾霾防治重点和制定防治措施提供了科学依据。

第九章　跨区域联防联控模式对我国雾霾防治的效应研究

雾霾污染具有典型的外部性特征，污染物产生以后不但会危害当地生态环境，还会随空气或水流等载体扩散到其他地区，从而产生跨界污染。区域生态环境是一个有机整体，雾霾污染综合治理不能各自为政，控制本地区污染源排放的同时，必须打破行政区划桎梏，构建跨区域联防联控机制，协作治理区域雾霾污染。因此，本章拟从雾霾污染联防联控机制的构建和跨区域雾霾污染联防联控博弈分析来逐一展开跨区域联防联控模式对我国雾霾防治效应的研究。

一、雾霾污染联防联控机制的构建

跨区域联防联控机制是区域内部各地方政府以防治区域雾霾污染为目标，建立相关组织和制度，打破行政区域界线，共同规划和实施污染控制方案，统筹安排，相互监督，互相协调，最终实现改善区域整体环境质量目标的区域性污染治理机制。本章按照“统筹规划、统一监测、联合执法、综合评估、相互协调”的基本思路，构建以下雾霾污染跨区域联防联控机制。

（1）统筹区域雾霾污染规划。区域性雾霾污染规划是统领区域内各地政府环保行动、指导区域合作治霾的战略部署，能够统筹考虑区域环境承载力、排污总量、社会经济发展现状以及省际间相互影响等因素，从区域整体视角控

制雾霾减排目标和治霾进程，在雾霾污染联防联控机制中发挥领导作用。国家整体层面上可以成立由环境保护部牵头、相关部门与各省市政府参与的雾霾污染联防联控工作领导小组。针对地区环境质量状况和雾霾污染特征，制定区域雾霾污染联防联控规划，明确雾霾污染的改善目标，确定雾霾污染治理实施计划，为国家整体联合开展治霾行动提供指导依据。

（2）统一监测区域雾霾污染。建设区域雾霾污染监测网络是信息化时代快速掌握区域雾霾污染状况、迅速应对突发性雾霾污染事件的必然要求。在各行政区内部设立雾霾污染监测站以反映地区内雾霾污染情况，在行政区之间设立监测点位以实时监控污染物跨区域输送现象。建立区域间相互联通的环境监测网络，能够为区域协同防治跨界污染提供必要的技术支撑。

（3）地区间联合雾霾防治执法。建立区域雾霾污染联合执法机制，有利于各地统一雾霾污染执法标准，规范雾霾污染执法行为，强化雾霾污染执法能力，增强执法监管力度，为区域联合整治违法排污企业、处理跨区域重大污染纠纷、打击行政边界污染违法行为等提供制度支持和执法便利。

（4）综合评估雾霾防治成效。雾霾污染联防联控的有效实施必须以有力的监督机制为保障，因此区域雾霾污染联防联控必须具备配套的评估考核体系。以中央政府的监督和惩罚增强地方政府的政绩压力，以联防联控领导小组的评估检查、考核评价增加地方政府的执行压力，从而督促地方政府完成地区环保规划目标，保证各项环保规划落到实处。

（5）强化各地协调配合。各省市之间相互协调与配合是实现区域跨界污染治理的必备条件。通过建设联防联控协调组织机构，有利于增强区域间防治区域雾霾污染的组织领导和协同配合能力，有助于形成区域间携手共建区域生态文明的新局面，共创经济、社会、生态、环境和谐共生的“中国梦”。

二、跨区域雾霾污染联防联控博弈分析

传统的博弈理论通常假定参与人是完全理性的，而演化博弈理论是基于有

限理性人假设研究行为主体的动态演化过程，解释为何群体会达到目前的状态以及如何达到。本章运用演化博弈理论建立地方政府间雾霾污染联防联控博弈模型，反映地方政府参与跨界污染合作治理的成本收益和策略选择，考察博弈结果及其影响因素。

雾霾污染物的转移扩散主要受风向、风力等气象因素影响。处于季风气候区，空气流动可视作往复运动，因此地区间的雾霾污染既受到自身污染物排放的影响，又不可避免地要为相邻地区的污染“埋单”。为简化分析并增强可推广性，以下建立相邻两个地方政府参与的雾霾污染联防联控博弈模型。

（一）基本假设

博弈方：选取相邻两个地方政府 A 和 B，探讨跨地区合作治理雾霾污染的博弈问题。

博弈环境：地方政府 A 和地方政府 B 的治霾行为发生在各自的行政区域内，并不清楚对方选择的策略。因此，整个博弈过程处在一个不完全的信息环境中。

博弈行为策略：博弈双方事先签订雾霾污染联防联控合作协议，均面临履行协议和不履行协议两种选择。因此博弈策略集合有以下四种：（履行，履行）、（履行，不履行）、（不履行，履行）、（不履行，不履行）。一方行政区雾霾污染状况改善会提高另一方行政区的空气质量，其雾霾污染状况的恶化也会降低另一方的空气质量水平。当博弈双方采取不同策略时，履行联防联控协议的地方政府既要承担雾霾污染治理成本，又要承受对方不履行协议所带来的负外部效应；不履行联防联控协议的地方政府无须承担雾霾污染治理成本，还能获得对方治理雾霾污染的正外部效应。令 S 为联防联控协议规划的区域雾霾污染物减排总量，S 是基于中央政府对地方政府 A 和地方政府 B 下达雾霾污染减排任务，结合区域雾霾污染实际情况所确定的。I 为完成规划目标需要的治霾总投入，雾霾污染减排收益与投入成本呈一定的正比例关系。地方政府 A 的减排目标和治霾投入比例为 θ，相应地，地方政府 B 的减排目标和治霾投入比例为 $1-\theta$。P_1 和 P_2 分别为地方政府 A 和地方政府 B 不执行联防联控协议时辖区内

的雾霾污染排放增加量。r_1 为地方政府 A 对地方政府 B 的外部效应系数，r_2 为地方政府 B 对地方政府 A 的外部效应系数，这里的外部效应既包含雾霾污染物溢出的负外部性，又包含清洁空气流动的正外部性。当一方履行了联防联控协议，而另一方不履行时，违约方需向联防联控领导小组交付违约金 F，且由于不采取减排措施无法完成中央政府下达的雾霾污染减排任务，将受到中央政府的惩罚 C。当博弈双方均选择不履行联防联控协议时，双方协商可避免协议违约金 F，但仍将分别受到中央政府的惩罚 C。

行为策略比例：地方政府 A 履行协议的比例为 x（$0<x<1$），不履行的比例为 $1-x$。地方政府 B 履行协议的比例为 y（$0<y<1$），不履行的比例为 $1-y$。

（二）博弈行为分析

依据上述假设，可以建立如表 9-1 所示的雾霾污染联防联控博弈支付矩阵：

表 9-1　地方政府间雾霾污染联防联控博弈支付矩阵

	地方政府 B		
		履行（y）	不履行（$1-y$）
地方政府 A	履行（x）	$\theta(S-I)+r_2(1-\theta)S$	$(1-r_1)\theta S-\theta I-r_2P_2$
		$(1-\theta)(S-I)+r_1\theta S$	$r_1\theta S-(1-r_2)P_2-F-C$
	不履行（$1-x$）	$r_2(1-\theta)S-(1-r_1)P_1-F-C$	$-(1-r_1)P_1-r_2P_2-C$
		$(1-r_2)(1-\theta)S-(1-\theta)I-r_1P_1$	$-(1-r_2)P_2-r_1P_1-C$

根据上述支付矩阵，可计算得出地方政府 A 履行雾霾污染联防联控协议的期望收益为：

$$U_{A1}=y[\theta(S-I)+r_2(1-\theta)S]+(1-y)[(1-r_1)\theta S-\theta I-r_2P_2] \tag{9-1}$$

不履行雾霾污染联防联控协议的期望收益为：

$$U_{A2}=y[r_2(1-\theta)S-(1-r_1)P_1-F-C]+(1-y)[-(1-r_1)P_1-r_2P_2-C] \tag{9-2}$$

地方政府 A 的平均期望收益为：

$$\overline{U}_{A12}=xU_{A1}+(1-x)U_{A2} \tag{9-3}$$

则地方政府 A 履行雾霾污染联防联控协议的复制动态方程为：

$$\frac{dx}{dt}=x(U_{A1}-\overline{U}_{A12})=x(1-x)(U_{A1}-U_{A2}) \tag{9-4}$$

将 U_{A1} 和 U_{A2} 代入复制动态方程可得：

$$F(x)=\frac{dx}{dt}=x(1-x)[yr_1\theta S-\theta I+(1-r_1)\theta S+(1-r_1)P_1+yF+C] \tag{9-5}$$

地方政府 B 履行雾霾污染联防联控协议的期望收益为：

$$U_{B1}=x[(1-\theta)(S-I)+r_1\theta S]+(1-x)[(1-r_2)(1-\theta)S-(1-\theta)I-r_1P_1] \tag{9-6}$$

不履行雾霾污染联防联控协议的期望收益为：

$$U_{B2}=x[r_1\theta S-(1-r_2)P_2-F-C]+(1-x)[-(1-r_2)P_2-r_1P_1-C] \tag{9-7}$$

地方政府 B 的平均期望收益为：

$$\overline{U}_{B12}=yU_{B1}+(1-y)U_{B2} \tag{9-8}$$

则地方政府 B 履行雾霾污染联防联控协议的复制动态方程为：

$$\frac{dy}{dt}=y(U_{B1}-\overline{U}_{B12})=y(1-y)(U_{B1}-U_{B2}) \tag{9-9}$$

将 U_{B1} 和 U_{B2} 代入复制动态方程可得：

$$F(y)=\frac{dy}{dt}=y(1-y)[r_2x(1-\theta)S-(1-\theta)I+(1-r_2)(1-\theta)S+(1-r_2)P_2+xF+C] \tag{9-10}$$

分别令 $F(x)=0$，$F(y)=0$，可以得到：在平面 $N=\{(x,y);0\leqslant x,y\leqslant 1\}$ 上，地方政府参与联防联控协议的策略博弈有五个局部均衡点，分别是 $O(0,0)$、$A(1,0)$、$B(0,1)$、$C(1,1)$ 和鞍点 $D(x_D,y_D)$，其中：

$x_D=\frac{(1-\theta)I-(1-r_2)(1-\theta)S-(1-r_2)P_2-C}{r_2(1-\theta)S+F}$，$y_D=\frac{\theta I-(1-r_1)\theta S-(1-r_1)P_1-C}{r_1\theta S+F}$。

借鉴潘峰等（2014）的分析方法，构建如图 9-1 所示的地方政府参与大气污染联防联控的博弈相位图。在五个局部均衡点中，$O(0,0)$ 和 $C(1,1)$ 是演化稳定策略，分别对应（履行，履行）与（不履行，不履行）两种策略。图 9-1 显示了两个地方政府博弈的动态演化过程。折线 ADB 是系统收敛于不

同状态的临界线，折线右侧 *ADBC* 部分系统将收敛于（履行，履行）策略，折线左侧 *ADBO* 部分系统将收敛于（不履行，不履行）策略。

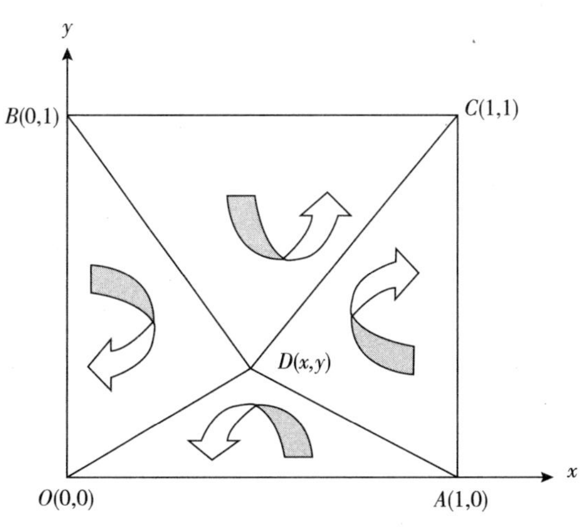

图 9-1 地方政府参与大气污染联防联控的博弈相位

图 9-1 中，博弈的演化过程和稳定状态受到鞍点 *D* 相对位置的影响。当初始点落在 *ADBO* 区域时，演化博弈系统向 *O*（0，0）收敛，稳定策略逐渐趋于“囚徒困境”方向，最终双方均不履行联防联控协议将成为唯一的稳定策略；当初始点落在 *ADBC* 区域时，演化博弈系统向 *C*（1，1）收敛，稳定策略逐渐趋向“帕累托最优”方向，最终双方均履行联防联控协议将是唯一的稳定策略。可见，地方政府 *A* 和地方政府 *B* 博弈的长期均衡结果可能是双方都履行联防联控协议，也可能是双方都不履行联防联控协议，其演化路径和稳定状态取决于区域 *ADBC* 和 *ADBO* 的面积。若 $S_{ADBC}>S_{ADBO}$，系统将以更大的概率沿着 *DC* 路径向双方都履行联防联控协议的方向演化；若 $S_{ADBC}<S_{ADBO}$，系统将以更大的概率沿着 *DO* 路径向双方都不履行联防联控协议的方向演化。若 $S_{ADBC}=S_{ADBO}$，双方都履行联防联控协议的概率与都不履行联防联控协议的概率相等，系统的演化方向不明确。区域 *ADBO* 的面积为 $S_{ADBO}=\frac{1}{2}$（x_D+y_D），相关参数对地方政府履行雾霾污染联防联控协议的策略选择的影响如表 9-2 所示。

表 9-2 参数变化对地方政府雾霾污染联防联控博弈策略的影响

参数变化	鞍点变化	相位面积变化与演化方向
$S\uparrow$	$x_D\downarrow$，$y_D\downarrow$	$S_{ADBC}\uparrow$，（履行，履行）
$I\downarrow$	$x_D\downarrow$，$y_D\downarrow$	$S_{ADBC}\uparrow$，（履行，履行）
$P_1\uparrow$	$y_D\downarrow$	$S_{ADBC}\uparrow$，（履行，履行）
$P_2\uparrow$	$x_D\downarrow$	$S_{ADBC}\uparrow$，（履行，履行）
$F\uparrow$	$x_D\downarrow$，$y_D\downarrow$	$S_{ADBC}\uparrow$，（履行，履行）
$C\uparrow$	$x_D\downarrow$，$y_D\downarrow$	$S_{ADBC}\uparrow$，（履行，履行）

由表 9-2 可知，联防联控协议规划的区域雾霾污染物减排总量越大，完成规划目标需要的治霾总成本越小；地方政府不履行雾霾污染联防联控协议时辖区内的污染排放增加量越大，违约方向联防联控领导小组交付违约金越多；雾霾污染减排不力受到中央政府的惩罚越大，则 x_D 或 y_D 越小；博弈双方趋向（履行，履行）策略的区域面积越大，即两个地方政府合作治霾的概率越大。因此，提高对不履行雾霾污染联防联控协议的地方政府的违约金，加大中央政府的惩罚力度，可以增大地方政府选择履行联防联控协议的概率。同时，合理提高联防联控协议规划的区域雾霾污染物减排总量，协同合作降低区域雾霾污染减排总成本，将有利于增大地方政府选择履行联防联控协议的概率。除表 9-2 所列出的参数，区域雾霾污染联防联控协议中雾霾污染物减排目标分配系数 θ、$1-\theta$ 以及雾霾污染外部效应系数 r_1 和 r_2 都会影响地方政府 A 和地方政府 B 的预期收益，从而影响双方的行为策略选择。

地方政府 A 和 B 的外部效应系数直接影响到其自身履行协议行为所受到的损失和采取不合作行为所得到的额外收益。外部效应系数越高，自身在合作中所承担的风险也越高，x_D 和 y_D 的公式也表明对方政府的污染物溢出系数会影响到己方的策略选择。对地方政府 A 而言，当履行雾霾污染联防联控协议的期望收益大于不履行协议的期望收益时，将式（9-1）和式（9-2）代入 $U_{A1}>U_{A2}$，整理可得 $0<r_2<\dfrac{(1-\theta)(I-S)-P_2-xF-C}{(x-1)(1-\theta)S-P_2}$；对地方政府 B 而言，当履行雾霾污染联防联控协议的期望收益大于不履行协议的期望收益时，将式（9-

6）和式（9-7）代入 $U_{B1}>U_{B2}$，整理可得 $0<r_1<\frac{\theta(I-S)-P_1-yF-C}{(y-1)\theta S-P_1}$。

雾霾污染物减排目标的分配也会对博弈双方的决策行为产生直接影响。当地方政府 A 履行雾霾污染联防联控协议的期望收益大于不履行协议的期望收益时，$U_{A1}>U_{A2}$，则 $0<\theta<\min\left\{\frac{-(I-r_1)P_1-yF-C}{(yr_1+1-r_1)S-I},\ 1\right\}$，此时 $(yr_1+1-r_1)S-I<0$。当地方政府 B 履行雾霾污染联防联控协议的期望收益大于不履行协议的期望收益时，$U_{B1}>U_{B2}$，则 $\max\left\{1+\frac{(1-r_2)P_2+xF+C}{(xr_2+1-r_2)S-I},\ 0\right\}<\theta<1$，此时 $(xr_2+1-r_2)S-I<0$。为使博弈双方均做出履行联防联控协议的决策，应保证 $U_{A1}>U_{A2}$ 和 $U_{B1}>U_{B2}$ 同时成立，则 $\max\left\{1+\frac{(1-r_2)P_2+xF+C}{(xr_2+1-r_2)S-I},\ 0\right\}<\theta<\min\left\{\frac{-(I-r_1)P_1-yF-C}{(yr_1+1-r_1)S-I},\ 1\right\}$。

三、研究结论

跨界污染是近年来雾霾污染的重要特征之一，各地政府虽已尝试开展跨界污染治理行动，但由于机制不健全、落实不彻底等问题，不能实现长期有效控制区域雾霾污染的目的。解决跨界污染问题，必须建立区域雾霾污染联防联控机制，打破行政区划界线，协同合作防治雾霾。本章基于演化博弈理论，构建了雾霾污染联防联控博弈模型，分析地方政府的策略选择和影响因素。研究结果表明，地方政府参与合作治理的概率与地区雾霾污染物减排目标（环境收益）、雾霾污染损失、联防联控协议违约金和中央政府惩罚力度成正比，与治霾经济成本成反比。因此，建立区域间雾霾污染联防联控机制，合理提高雾霾污染减排目标，协同降低雾霾污染减排成本，提高协议违约金，强化中央政府监督和惩罚，有利于形成区域间合作治霾新局面，构建生态文明新面貌。

第十章　经济新常态下我国雾霾污染防治的对策建议研究

提出经济新常态下雾霾污染防治的具有针对性和落地性的政策建议，是本书研究内容的落脚点。首先，由于雾霾污染防治涉及多个部门和跨行政区域，因此本书在总结以上研究结论的基础上，拟从协调机制、监督机制、保障机制与合作机制入手，对雾霾污染防治进行立体式、综合性的机制设计。其次，将“它山之石”和国内基本现状相结合，充分借鉴国内外典型区域的成功经验，从多个层面提出具体的可操作性的政策建议。

一、主要结论

本书借助经验分析、理论分析和实证分析的模型与方法对经济新常态背景下我国雾霾防治的模式与机制展开研究，主要得出以下结论：

（1）着眼于我国雾霾污染强度的地区差异与收敛性，发现我国各省份雾霾污染分布不均衡，省际差异较大，雾霾污染强度泰尔指数大致呈现波动下降的态势，近年来我国雾霾污染差异存在一定的反弹势头。同时我国雾霾污染强度表现出明显的区域差异，东部地区的泰尔指数最高，西部地区次之，中部地区最低，并且区内差异的贡献率远大于区间差异的贡献率。此外，全国雾霾污染强度存在 σ 收敛和 β 收敛，雾霾动态累积效应、能源效率、机动车辆和环

境规制等控制变量对全国雾霾污染强度的收敛具有显著影响。

（2）着眼于城镇化对雾霾污染治理的作用路径这一中心话题，发现人口城镇化和产业城镇化不仅对雾霾污染有显著的直接效应，而且能够通过相关路径间接影响雾霾污染；由于土地城镇化对雾霾污染并没有显著的直接效应，所以不存在其有效的作用路径。同时城镇化对雾霾污染治理的作用路径还存在着严重的区域异质性、规模异质性和阶段异质性。此外，人口城镇化与产业城镇化的不协调，即人口城镇化滞后于产业城镇化的程度越高，雾霾污染程度越重。

（3）着眼于环境规制对我国雾霾污染治理的影响路径及其效应，发现从全国层面来看，环境规制不仅能够直接影响我国雾霾治理，还会通过调整产业结构和优化能源消耗结构而降低我国雾霾浓度，但是通过提高技术进步水平而作用于雾霾的路径并不显著。从分区域角度来看，东部地区的经济发展水平较高，环境规制能够通过产业结构、能源消耗结构和技术进步有效地影响其雾霾污染。中部地区的环境规制主要是通过优化能源消耗结构缓解雾霾污染，而提高技术进步水平反而加剧了雾霾污染，同时通过产业结构调整提高的作用尚不显著。此外，西部地区的环境规制对雾霾的影响并不显著。

（4）着眼于要素市场扭曲对雾霾污染的影响，主要发现要素市场扭曲加剧了雾霾污染。技术进步和能源效率提高能有效缓解雾霾污染，第二产业比重和人均 GDP 越高，雾霾污染越严重。贸易开放对雾霾污染的影响尚不显著。同时要素市场扭曲和雾霾污染之间的关系是非线性的，存在显著的门槛效应。此外，GDP 锦标赛、市场分割和地区腐败会加剧要素市场扭曲，要素市场扭曲通过作用于技术进步、能源效率和产业结构对雾霾污染产生影响。

（5）着眼于生产性服务业与制造业协同集聚、贸易开放与我国雾霾污染的内在联系，发现生产性服务业与制造业协同集聚对我国雾霾污染存在明显的改善作用，在剔除了加工贸易量进行修正后，贸易开放对改善我国雾霾污染发生实质性的转变；同时生产性服务业与制造业协同集聚与贸易开放交叉项对我国雾霾污染存在负向影响。分时段检验发现，贸易开放与生产性服务业与制造业协同集聚存在消化吸收的过程，在初期对抑制雾霾污染促进作用不显著，随着时间的推移，促进作用逐渐显著。贸易开放和生产性服务业与制造业协同集聚对雾霾污染的作用还存在“门槛效应”，在不同的贸易开放度下，生产性服务业与制造业协同集聚对地区雾霾污染的影响差异较大。

（6）着眼于污染物源头控制对雾霾污染防治的作用机理，研究发现燃烧源和工业源控制在滞后 1、2、3 期的状态下是雾霾污染程度的格兰杰原因，交通源控制并不是雾霾污染程度的格兰杰原因，对于燃烧源、工业源和交通源进行控制对我国雾霾污染起到了一定的抑制作用。同时脉冲响应图显示控制燃烧源、工业源和交通源对我国雾霾污染皆起到一定的抑制作用。这说明通过控制燃烧源和工业源可以最大限度地减轻雾霾污染的程度，也是高效率治理雾霾污染的主要抓手和重要着眼点。对于交通源的控制还要持续增强，还要采取适当的措施催生出交通源控制对缓解雾霾污染强有力的效应。立足于跨区域联防联控模式对我国雾霾防治的效应，发现地方政府参与合作治理的概率与地区雾霾污染物减排目标（环境收益）、雾霾污染损失、联防联控协议违约金和中央政府惩罚力度成正比，与治霾经济成本成反比，这为有效控制我国雾霾污染提供了可行的路径与模式。

二、机制设计研究

（一）协调机制

雾霾治理是复杂的社会活动，涉及多个要素的集合，各项政策的落实和有序进行，必须加强部门上下的协作，加强部门之间的高效衔接与良好合作。一是提高部门之间的协调意识。大力提倡政府部门由上至下的协调制度，部门各司其职，依据自身职责所在，协商解决工作中存在的问题，遵循意愿进行协调与分工。二是加强部门间的沟通。若事情涉及其他部门职责范围，需要主管领导牵头召开协调会议，邀请协办部门共同参加，共同沟通与决策相关问题。三是规范部门间协调管理。协调管理机制应当由国家权威机关总管和各级政府协

管，杜绝因分层管理而导致的机构臃肿、政出多门，并制定一致的协调配合制度，为建立良好、高效的协调配合机制奠定基础。

（二）监督机制

由于雾霾治理过程中存在成本共担风险、治理失败风险，加之在实际发展过程中存在不同区域利益群体，为了避免利益群体之间产生冲突，需要加快建立政府监督机制。一方面，建设专门的监督网站，逐步建立和完善政府网站的监督服务功能，系统地对信息资源进行开发整合，构建庞大的数据库平台，不断加强资源的互联互通，并打造功能齐全、满足个性化的电子监督平台，做到各类监督工作的公开、透明、民主与公正。另一方面，大力推动政府信息公开建设。树立科学、有效的政府信息公开观念，不断完善政府信息公开水平，加强政府信息公开法律制度建设，制定一部科学、完善、可操作性强的信息公开法，规定政府信息公开的范围以及工作制度。

（三）保障机制

保障机制主要体现在政府的推动作用，是我国雾霾污染治理的重要支撑。雾霾污染的治理，离不开强有力的外部支持，特别是政府制度保障、人才保障、技术支撑方面的保障。在制度方面，由政府出面制定各种优惠政策，完善合作环境和体系，推进科研领域“放管服”改革，实施创新驱动发展战略，推动大众创业、万众创新，落实“三去一降一补”任务，培育新动能，增强发展内生动力。在技术支撑方面，加大对清洁能源和可再生能源的科研投资，以低碳技术的应用、创新和扩散为重点，逐步提高能源利用效率。在人才保障方面，加快高端人才政策与国际接轨，并与国外同行企业的技术人员进行洽谈，通过提供优厚的福利待遇来吸引人才；发挥政府主导作用，加大人力资本的投资，培养中、高端人才，对中青年科技杰出人才，重点解决住房问题，减少企业的用人成本；加大对传统教育的投入，增加教育经费的支出比重，重点关注基础教育领域，旨在从整体上改善人力资本和人力资本结构。

（四）合作机制

雾霾污染的治理离不开多个主体的合作发展，需要建立政府主导、部门联动的合作机制。政府作为治理雾霾污染的主体，在推动雾霾污染治理过程中，应当充分发挥引导职能，起到引导和政策支撑的作用。企业、高校和科研院所是治理雾霾的技术主体，企业发展离不开高校的科研支持以及科研院所的技术支撑，而高校和科研院所发展也离不开企业的资金支持和成果转化，需要政府对三者的合作进行引导。政府通过对信贷、财政和税收方面进行改革，有助于加强雾霾污染治理产、学、研协同研究的资金支撑。政府通过对教育体制进行改革，优化了高等教育培育人才的发展模式，为培养雾霾污染治理产、学、研人才奠定基础。政府通过以科技政策助力创新体制改革，为雾霾污染治理形成产、学、研协作提供技术支持。

三、国内外经验借鉴

在雾霾防治对策的国内外经验借鉴中，本章选取美国、欧盟、杭州 G20 峰会和北京作为研究对象，归纳总结其防治的主要措施，为我国经济新常态下的雾霾治理提供宝贵的经验。

（一）国外经验借鉴

1. 美国

美国在 19 世纪就开始了浩浩荡荡的工业化进程。随着工业日益发达，城市人口不断增加，汽车盛行，废气排放、生活垃圾、交通堵塞也越来越严重，这就给雾霾天气的形成制造了可乘之机。20 世纪 60 年代，美国的空气质量就开始不断下降，这种现象也使政府开始警惕大气污染对社会生产生活带来的严重危害。随着政府对天气状况的不断重视，开始逐渐建立一系列保护大气环境的法律法规。制度方面的严厉把控，再加上政府采取的一系列财政经济手段，

使美国的大气污染问题及时得到控制。

1955 年，美国制定了本国第一部空气污染治理法案——《空气污染控制法》，1960 年进行了修订。1963 年颁布《洁净空气法 1963》，1967 年出台《空气质量法》，1969 年出台《国家环境政策法》。1970 年，美国颁布了《清洁空气法》，并在 1977 年、1990 年重新修正。这几部法律法规的颁布与实行对美国空气质量的改善具有重大的影响，并为美国之后颁布的有关大气保护法规提供了参考依据。不仅如此，美国考虑到各州的实际情况可能与理想目标有所差距，允许各州根据本地的空气质量状况对总目标进行适当调整。另外，对于由细颗粒物造成的雾霾污染，1997 年实行 PM2.5 环境空气质量标准，并在 2006 年强调要更严厉地实行 PM2.5 限值，以减少雾霾天气的出现。同时制订了能见度保护计划，强化区域协作机制，进行区域联防联控，鼓励州与州之间相互合作，齐心协力改善空气质量。

美国在许多方面都形成了对雾霾防控的有效机制。在工业减排方面，美国对排放标准严格把控，并强制企业采用环保技术。在市场经济手段方面，建立排污权交易方式，提高排污费，制订降排方案，发放补助金，实行税收优惠政策，以此减少污染物的排放，发展绿色清洁无污染技术。在机动车尾气排放控制方面，美国从源头生产抓起，对汽车的配件进行严格的排放检测，建立生产制度并严格执行。在公共交通方面，从 1992 年的《联邦雇员清洁空气奖励法》到 2009 年的《自行车交通法》，政府一直在积极鼓励公众采用绿色出行方式，并采取了积极的奖励政策。另外，在公共交通建设方面，美国的公交车票价设置较低，站台设置较为密集，并且地铁等轨道交通十分发达。

美国是全球经济总量最大的国家，也是唯一将“环境税”纳入税收法典的国家，形成了较完善的环境税体系，包括征收环境税、环境费以及实行税收优惠政策。美国与雾霾污染防治相关的环保税主要有石油、天然气开采税和汽车使用税等，美国联邦、州、地方政府财政分权，各级政府享有完全的税收自主权，按照各地区具体污染情况独立确定环境保护税税率。针对环境污染较严重的地区，美国于 1980 年通过“超级基金法案”，规定对污染严重场地的治理由排污者负责，对权责难以界定的地区由超级基金承担治污费用，促使环境污染得到有效治理。超级基金的资金来源包括石油等能源税收入、企业附加税以及财政拨款。同时美国也采取了多种减少污染排放的税收抵免政策，如使用清洁能源或酒精燃料可以扣除燃料费；通过再生能源发电或生产电动车可按照生产成本的相应比例进行环境税的减免。

2. 欧盟

欧洲的环境税改革始于 20 世纪 90 年代初。最早引入环保税的是北欧国家，如瑞典、丹麦等，后工业化时代越来越严重的环境污染促使环境税改革扩散至整个欧洲。下面以欧盟成员国中经济体量最大的法国和德国为例进行环保税政策分析。

法国环境保护税征收原则为“谁污染谁付费”，与雾霾污染防治相关的税种主要包括硫税、氮税、矿物油税和车辆税。法国硫税开征于 1985 年，通过定量征收方式对二氧化硫、硫化氢等含硫污染物进行计征。氮税于 1990 年开征，以氮氧化物排放量为征税对象。硫税税率和氮税税率呈现逐年增长的趋势，自征收至今每吨税额分别增长了约 50%和 350%。法国的矿物油税主要以石油（包括柴油、汽油、燃油等）作为征税对象。不同种类设定不同的参考税率，各地区依据参考税率因地制宜进行适当调整，但不得低于最低的税率标准。法国车辆税根据车辆的不同燃油种类设定不同税率，车辆使用时限越短，相应税率越低。同时法国还采取一系列减少汽车尾气排放的税收激励措施，当汽车每千米尾气排放量低于所设标准，就会得到相应层次的政府补贴。由此可知，法国环境税按照排污项目以及污染程度的不同对税额进行调整，实行差异化税率以及税收激励政策一方面可以合理增加排污者成本，进行污染防治，另一方面也能够促进清洁能源的开发利用。

德国主要通过能源税、航空税以及生态税改革减少大气污染物的排放。德国于 1879 年就开始对石油、煤炭等能源资源进行征税，按照矿物含硫量的不同以及污染程度进行分税率计征，含硫量越大的能源税税率越高。德国又于 2011 年开征航空税，对航空业产生的废气污染物进行征税，根据旅程长短将相应的环保税额分摊至每位乘客。德国在 20 世纪末期进行了生态税改革，将排污行为成本内部化，调节企业以及消费者的经济决策，同时地方财政收入额

增加也为环境污染治理提供资金来源，实行专款专用。

与美国相比，英国的工业化进程更为悠久。作为曾经的日不落帝国，英国也曾被雾霾蒙上过厚厚的面纱。1952 年，伦敦烟雾事件引起全世界的恐慌，经济发展是否与环境保护相悖？自此以后，环境保护被提上英国政府的议事日程。经过几十年的努力，伦敦终于摘下“雾都”的帽子，在 2012 年举办奥林匹克运动会时，伦敦对于空气质量做出的成果被世界所认同，其大气质量、交通状况大体上优于北京。解决大气污染问题的关键就在于英国采取了切实有效的治霾措施。

在法律层面，英国的环境意识非常超前，早在 1956 年就颁布历史上最早的空气污染防治法案——《清洁空气法案》，其中主要措施包括对污染严重的电厂进行强制淘汰；鼓励天然气使用；降低煤炭消耗量等与社会生产生活相关的规定。直到 21 世纪后，英国也不放松对环境质量的检测和保护。2007 年，英国政府在《大气质量计划》中强调了对 PM2. 5 浓度的监测，并且希望在 2020 年到来之际将 PM2. 5 年平均浓度减少至 $25\mu g/m^3$。2010 年，可吸入悬浮微粒被政府纳入了环境保护立法中。

由于英国经济发展较早，所以交通源逐渐替代工业源成为主要污染源头，政府工作的重点也由治理工业企业逐渐转移到对交通污染的控制。在公共交通建设方面，英国的地铁在线路上和里程上覆盖区域极大。据统计，在伦敦人们最主要的交通工具就是地铁，大约 70%的出行都是乘坐地铁；另外公共汽车也非常便利，站点密集。此外，政府也大力支持人们使用公共交通出行方式，如为公共交通修建专门行驶车道，提高公交的运行速度，在地铁附近修建停车场等，因此大部分人出行会选择公共交通。在私人汽车方面，政府同样采取了大量措施，如鼓励公众使用低污染物排放的汽油；对汽车排放量实行年检制度；要求全部新车安装减少污染物排放催化器等。2007 年，伦敦进行“交通 2025 方案”的实施，提出在未来要将市区中的私家车流量减少 9%。

3. 日本

在东亚国家中，日本的环保观念极强，相应的环境保护税收政策也较为完善。以日本的碳税政策发展过程为例，日本于 2007 年正式实施碳税，依据煤炭、石油、天然气等化石燃料对环境造成的负荷程度进行纳税，并遵循“低税率、广范围、宽减免”的基本原则，实行差异化征税，分阶段逐步提高碳税税率，经过三个阶段的调整，煤炭、石油、天然气的税率分别增加96%、37%和72%。同时，对于节能减排的企业或消费者按照减排力度进行税收减免，降低税负增加对国民经济发展的抑制效应。日本环境保护税主要用于执行相关环保政策、开发节能减排技术、推动可再生能源使用以及各项环境污染防治等方面。

（二）国内经验借鉴

1. G20峰会

2016年9月，杭州成功举办了G20峰会，这也是对我国近年来雾霾治理成果的一个重要检验。在会议召开前，浙江省政府就提出了联合上海、江苏等周边地区协商区域联合治理雾霾的提议，以区域联动保证G20会议召开期间的大气质量。

在制度保障方面，2016年4月，浙江省政府制定了《2016年浙江省大气污染防治实施计划》，5月，江苏省、上海市政府也各自制定相关措施。这些政策的出台，为保证G20峰会期间的大气质量，严格执行雾霾治理方案提供了政策方面的支持。

具体措施方面，三地政府也分别针对高污染企业、交通污染等方面进行了治理。浙江省政府对于某些高污染的燃料，严格控制其燃烧范围；对高污染、高排放的企业进行重点综合治理；大力改造或淘汰技术落后、对环境造成严重破坏的工业企业。江苏省政府采取措施摸清省内高污染、高能耗的燃煤、工业企业，对其制定不同时间段、逐步改造的阶段性措施。上海市政府对市内的燃煤电厂进行生产限制，采取使用外来电的手段；限制对劣质煤的燃烧，鼓励使用优质煤；在G20峰会期间停止金山区等靠近浙江省区域化工企业的生产。在交通污染方面，浙江省政府出台汽油使用标准《车用汽油（浙Ⅵ）》，促进汽油的更新换代，减少污染物排放，对汽车尤其是排放量进行限制，设置排放标准。加快落实车用油品升级并力争同步提高新车排放标准，鼓励汽车使用更

为清洁、排放量小的新能源。大力发展城市公共交通，提倡绿色出行方式，把公交车建设放在优先位置，促进公众出行观念、方式的调整。在6月底，杭州市各个区使用新能源和清洁能源的新增公交占80%以上。除陆地外，对船舶的排放管控也在不断加强。

2. 北京

北京作为“帝都”，其雾霾浓度一直为公众所关注，2013年是雾霾全面爆发的一年，当年北京的PM2.5年平均浓度为89.5μg/m³。经过近几年政府不懈的治理以及我国经济步入新常态，北京的雾霾现象也逐步得到控制。2014年北京PM2.5年平均浓度为85.9μg/m³，相对2013年下降了4.02%；2015年北京PM2.5年平均浓度为80.6μg/m³，较2014年下降了6.2%。截至2016年12月18日，北京PM2.5年平均浓度为69.3μg/m³，较2015年下降了14%。尽管北京市PM2.5年平均浓度与世界标准值还有很大差距，但三年来PM2.5浓度不断下降，且降幅不断增加，也能看出北京市政府对雾霾的治理工作取得的成果。

在一系列行政制度的约束下，北京市的雾霾治理工作应该以减少细颗粒物浓度为主，对大气污染物的排放进行从源到本的治理，对PM2.5浓度进行严格把控。北京市政府结合自身雾霾污染的实际情况，根据“大气十条”中列出的重点整治措施，在各个方面也形成了十个重要对策。其中主要是对农村的燃煤进行控制，鼓励使用新能源；对电力行业的污染物排放进行整改；对燃煤锅炉进行技术改造；对于高排放量的机动车、柴油车进行重点把控；加大对高能耗、高排放企业的技术、政策和资金支持，推进企业转型升级；严格限制企业的准入标准；强化司法监督；推进区域治霾联防联控机制的建立。

通过分析北京本地污染来源可以看出，交通源与工业源污染占据了很大比重，达到了37.6%，燃煤占30%，显然这也是北京雾霾防治过程中要解决的重要问题。2017年，北京不但提供更为清洁的“京六”汽油，减少汽车尾气排放对空气质量带来的危害；并且对落后废旧的汽车进行改造或淘汰；对符合要求的出租车催化器进行更新；对高污染、高能耗企业进行升级转型，关停并转一系列工业企业；在核心城区大体进行“无煤化”改造。此外，北京政府也对雾霾防治给予了大量资金支持。其中，2016 年对于空气质量改善的资金支持高达 165.4 亿元，是 2010 年（17 亿元）的 9 倍多。

因此，随着一系列措施的实行和政府的大力支持，北京的雾霾污染状况正在一点点地改善，虽然仍与其他国家有着较大差距，但是防霾的过程是漫长的，对雾霾的防治不积跬步无以至千里。今后，我们仍然要坚持对雾霾污染的不懈治理，还天空一片纯净的蓝色。

四、经济新常态下我国雾霾污染防治的对策建议

（一）关于城镇化对雾霾污染防治的对策建议

1. 剖析城镇化对雾霾污染的路径，加速城镇化对雾霾污染治理的绿色传导

全面把握城镇化对雾霾污染治理的综合效应及其作用路径，确保城镇化与雾霾污染治理之间的绿色传导。城镇化进程是否加剧雾霾污染程度并不是一成不变的，它取决于地区的发展阶段、产业结构和气候条件。因此，为从整体上有效控制我国雾霾污染程度，就必须结合各地区实际情况制定出合理的城镇化推进策略以及具体的实施细则，并主要着眼于人口城镇化效应和产业城镇化效应及其作用路径，从整体层面上有力地确保城镇化进程不以破坏生态环境为代价。此外，要树立绿色发展的新理念，转变和创新城镇化发展的模式和路径，立足于人口、土地和产业等多维视角来完善雾霾污染治理的城镇化效应和机制，修复盲目而不合理的城镇化路径导致的城镇化与雾霾污染治理之间传导机制的错位，统筹处理好城镇化与雾霾污染治理的关系。

2. 因地制宜，推行具有针对性和差异化的区域性城镇化发展策略

根据各区域城镇化对雾霾污染作用路径与机制的异质性，实行具有针对性和差异化的城镇化路径。研究发现，城镇化对雾霾污染治理的影响机制与路径存在着显著的区域差异性。因此，东部地区应主要以产业城镇化效应为重要抓手，加大力度淘汰落后产能，促进高污染、高耗能产业的合理有序转移。中部

地区应同时以人口城镇化效应和产业城镇化效应为着眼点，在承接东部产业转移的过程中设置绿色环保门槛，改“招商引资”为“招商选资”，促进人口合理集聚，尽量降低人口城镇化效应对雾霾污染的影响。西部地区因其对资源型产业依赖程度较高，并且普遍处于经济发展的上升期，造成人口、土地和产业等因素均显著影响雾霾污染，所以西部地区要调整高污染、高耗能产业的发展思路，着重优化城镇建设用地面积占比，注重对城镇扬尘污染的有效控制。由于北部地区是我国雾霾污染的重灾区，所以应采取综合手段来有效控制雾霾污染，如优化能源消耗结构，控制散煤燃烧和劣质煤的大量使用，注重城市内涵发展，树立绿色城市规划的理念等。南部地区应主要以缓解交通压力为切入点，优化交通运输结构，着力推广新能源汽车在相关领域的普及和使用。

3. 精准施策，有的放矢地调整城镇化策略控制我国雾霾污染

根据城镇化对雾霾污染治理作用机制和路径的规模和阶段异质性，有的放矢地调整城镇化策略以有效控制我国雾霾污染程度。结合我国高雾霾污染城市的空间分布特征，可以发现南京、重庆、成都、武汉、长沙、合肥和杭州等长江流域的城市尽管地理位置位于我国南部，然而其雾霾污染程度并不低，这与它们的产业结构特征和地形特征有着密切的关系，对于此类城市要重点监测和找准其雾霾污染的真正来源，形成我国精准治霾的有效经验和路径。根据城镇化对雾霾污染治理路径的所处阶段及其动态演绎特征，未来治理雾霾污染要继续着眼于高污染、高耗能行业，重点推进能源结构优化和落后产能淘汰，从根本上彻底扭转和改变我国城镇化对雾霾污染治理的作用方向和传导机制。

4. 推动产城融合，利用产业结构调整升级的倒逼机制来有效控制雾霾污染

实现不同维度间城镇化效应的协调性和统一性，推动产城融合，利用产业结构调整升级的倒逼机制来有效控制雾霾污染。城镇化是经济发展过程中所必然出现的具有综合性和复杂性的社会现象，而不同的城镇化效应之间必然有其应有的耦合协调规律。但是，由于我国特有的政治经济体制，地方政府间的经济竞争压力必然导致我国人口城镇化滞后于土地城镇化和产业城镇化，这会进一步加剧我国的雾霾污染程度。因此，治理雾霾污染还要尽量遵循产业演进规律，减少政府对经济发展和城镇化进程的不合理干预，适度推动产城融合，找

准并抓住有效时机，合理利用市场化战略和产业结构调整升级的倒逼机制来最大限度地控制雾霾污染程度。

（二）关于环境规制对雾霾污染防治的对策建议

1. 优化制造业内部结构，严格控制“三高一低”产业的过度膨胀

从全国层面来看，由于环境规制能够通过产业结构的调整和能源结构的优化间接影响雾霾治理，因此必须一方面调整高污染、高耗能产业的发展思路，把调整产业结构的重点放在优化制造业内部结构上，严格控制“三高一低”产业的过度膨胀，坚决淘汰落后产能。高污染产业占比较高的地区要有序推进雾霾治理工作，制定出具有针对性和可操作性的雾霾规制措施，同时加强区域间的联防联控，降低由于污染溢出而导致的环境规制效应下降的幅度。另一方面要利用环境规制措施促进能源结构的优化，重点地区要试点“煤改气”工程，逐步淘汰燃煤小锅炉，集中治理北方农村散煤燃烧问题，加强燃煤发电企业的脱硫脱销处理，对新能源的研发与壮大给予合适的补贴和扶持，以达到控制雾霾浓度的目的。由于环境规制尚不能通过技术进步作用于雾霾治理，因此必须进一步支持有关雾霾控制的技术研发，以提高技术进步水平对雾霾治理的针对性，最终从根本上实现对雾霾的治理。

2. 杜绝“一刀切”的规制措施，灵活有效地调整环境规制的方向和力度

从分区域视角来看，由于东部地区经济发展水平较高，环境规制措施相对完善，因此环境规制能够通过调整高污染产业结构、优化能源消耗结构和提高技术进步水平有效降低雾霾浓度，其中产业结构调整和优化能源消耗结构的作用效果更为明显。因此，东部地区要在既有环境规制措施的基础之上进一步找准降低雾霾浓度的根治措施，在治霾问题上要先行一步，创造出治理雾霾污染问题的有效经验。中部地区要进一步扩大环境规制的作用面和影响面，要利用绿色发展的理念来推进新型工业化和新型城镇化，要立足于利用生态文明的思想来严格约束不计后果的经济发展理念，绝不能成为东部高污染产业就近转移的“污染避难所”。而西部地区要在如何有效发挥环境规制的效应方面下功夫。由于西部地区国有企业比重较大，且西部国有企业多偏重于资源能源密集

型行业，地方政府往往会出于保护地方利益的目的而放松管制，甚至提供政治保护，因此西部地区一方面要完善市场机制，理顺经济发展中的政企关系，在治理雾霾问题上要坚决避免“政治庇护”现象的发生；另一方面也要考虑到其经济发展的迫切性，要循序渐进地加大环境规制的力度，不能搞“一刀切”的规制措施，要结合实际情况，灵活有效地调整环境规制的方向和力度。此外，由于间接效应在环境规制对雾霾污染的作用路径中占据重要的位置，所以政府部门在制定环境规制措施时应找准环境规制的发力点和着力点，全方位地树立起“精准治霾”的理念。

3. 以推动政府减排为抓手，加强环境规制力度和手段

雾霾治理具有长期性和复杂性的特征，因而需要政府扮演“决策者”的角色，加大对治霾机构的科研资金投入力度，彰显科技力量在雾霾治理过程中的作用，同时注重规制实施的灵活性，颁布和推行相关法律政策对企业经济活动进行宏观调控，严格设定企业节能减排标准，促使经济、社会、环境三大系统达到共赢。目前，“互联网+”的迅猛发展催生着新动能的快速成长，政府应当以此为发展契机，以培育新动能作为突破口，促进企业产业结构的变革，积极构建具有中国特色的绿色制造体系，实现企业经济效应和环保效应的共赢，构建中国绿色—低碳—循环的产业发展形态。当然，非正式环境规制约束也是必不可少的，政府相关部门有待落实公众参与和环境监督机制，构建区域环境信息公开与共享平台，定期披露区域空气环境情况，引导和鼓励公众参与实际管理，对部分重大项目开设民众听证会，做到集思广益，接受社会考核和监管。

4. 推行相对公平的环境规制政策，构建区域治霾补偿机制

由于区域历史背景、区位条件、产业结构、政治文化、经济发展阶段以及资源禀赋状况等要素大相径庭，各区域发展差异明显。一般来讲，雾霾治理的收益和成本具有非排他性，区内各单元在享受治霾成果收益的同时也必须承担治霾的社会成本，但收益与成本具有截然不同的属性，前者存在区内竞争性，后者存在非区内竞争性，区内各利益群体宁可坐享其成也不乐意承担成本。因此，在雾霾治理上有必要推行相对公平的政策，制定差异化的治理决策。经济

发达地区和经济欠发达地区遵循“共同但有区别的责任”原则，在制定雾霾排放指标时要充分考虑经济发达地区和欠发达地区的治霾经济成本。具体来看，中部崛起战略和西部大开发战略的持续推进，促使区域间的产业结构发生调整，东部地区部分高污染、高能耗企业内迁，因而经济发达的东部地区有必要对经济欠发达的中西部进行补偿，共同承担治霾的社会运作成本。例如，东部地区可设立治霾专项基金，对中西部地区由于环境规制而压缩产能的“高投入、高耗能、高污染”企业造成的经济损失给予相应的补偿；可适当向中西部地区输送高新技术和内迁高端产业，加快其产业结构升级的步伐，补偿其在治霾上的牺牲。

（三）关于要素市场扭曲对雾霾污染防治的对策建议

1. 推进要素资源市场化，完善要素资源价格形成机制

研究结果显示，要素扭曲显著加剧了雾霾污染，因此，当前阶段要促使要素资源市场化，完善要素价格机制，就必须彻底变革当前的体制因素。一是推动要素资源市场化。政府应减少行政审批，将市场准入条件放开，打破特许经营权和垄断，增强市场竞争性，使生产要素能够自由流动在不同部门之间。二是要完善要素资源价格机制。深化资源产品价格改革，推进资源价格市场化进程，掌握市场需求与资源稀缺程度，不断完善价格形成机制，理顺价格关系，缓解企业资源的误配问题，积极发挥市场和价格机制在资源配置中的作用。

2. 加快产业结构调整，推进节能减排建设

由上述分析可知，要素市场扭曲不利于产业结构的升级，而雾霾污染最主要的源头是第二产业，因而产业结构调整的重心应该放在第二产业上。在产业结构调整方面，运用先进的生产技术、管理理念支撑传统制造业新旧动能转换，同时催生新的现代制造业业态，以循环经济建设为具体的发展模式，纵向构建循环产业链条，横向发展循环经济示范园区，塑造废物代谢网络，努力构建高效、清洁、低碳、循环的产业发展模式。同时，政府要把握好控制力度，将重心放在资源消耗型产业高度聚集的地区，加快对要素市场的发展和培育步伐，逐渐放宽对生产要素和稀缺资源的掌控。

3. 推动技术进步，发展新能源产业

研究发现，要素扭曲作用于技术进步和能源效率，进而间接加剧了对雾霾污染的影响。目前，我国绿色技术创新能力不足、能源效率提升缓慢，现有能源结构决定了能源效率很难有较大突破，因此需要着力推动技术进步，发展新能源产业。一是加强对风能、潮汐能、太阳能等清洁能源的利用，加快新能源利用设施的建设，加强新能源技术的研发；二是借鉴国外成功经验，出台相应的优惠政策，引进一些优质的资金和先进的技术，通过内引外联，完善发展新能源产业的技术服务体系，营造更好的政策环境和市场氛围；三是在稳定现有的人才队伍的基础上，加大对高端人才的培养力度，与高等院校建立联系，有针对性地培养新能源方面的人才，改善人才的成长环境。

4. 加强“共赢思维”合作，推动跨区域联防联控

研究发现，要素市场扭曲严重程度与雾霾污染严重程度的省域对应程度较高，区域之间发展异质性较大，因此需要以“共赢思维”取代“零和思维”，构建雾霾污染跨区域联防联控治理机制，促使治霾要素能够跨区域自由地流动。出台雾霾污染联防联控工作方案，科学分配各区域的废气减排指标，构建行之有效的奖惩机制解决联防联控区域内各成员的“搭便车”问题，加强雾霾污染区域治理的法治协同，强化监督检查力度，打击跨界污染违法行为，对违章违约的机构、组织和企业采取有力的惩处措施。

（四）关于产业协同集聚、贸易开放对雾霾污染防治的对策建议

1. 推动生产性服务业与制造业的深度融合，破除产业发展中的“棘轮效应”

研究表明，提升生产性服务业与制造业协同集聚水平能够显著抑制我国雾霾污染，因此，促进两者协同发展的研究刻不容缓。具体而言，必须坚持“双轮驱动”的发展战略，依托“市场无形之手”和“政府有形之手”加强生产性服务业与制造业的融合与渗透，推进传统制造业的转型与升级，鼓励有条件的制造业企业向生产性服务业拓展延伸，借助生产性服务业汇聚所蕴含的人力、知识、技术资本，通过产生竞争效应、学习效应、专业化效应以及规模经济效应多方面对制造业的升级形成飞轮效应，引领制造业产业价值链的优化

升级，不断沿“微笑曲线”两端服务业延伸产业链条。同时，有待变革制造业企业“大而全”“小而全”的扭曲组织结构，着力提升制造业的绿色生产效率，在积极发展先进高端制造业的同时适度降低服务业准入门槛，吸引周边关联性生产性服务业的进入，鼓励制造业进行外包服务管理，并构建跨边界的产业协同集聚模式，以生产性服务业为助推器，培育制造与服务两位一体的多功能产业集群，引导制造业企业向价值链高端攀升。

2. 调整粗放型的外贸增长方式，推动外贸由规模型扩张向质量效益型转变

研究表明，剔除加工贸易后的贸易开放对我国雾霾污染抑制作用发生了实质性的转变，因此，需要推动“中国制造”向“中国智造”转变，引领贸易结构走深加工和高附加值路线。具体而言，变革“以进养出”的传统外贸发展战略，构建“产、学、研”三位一体的技术研发平台，不断提升企业自主创新意识和技术研发能力，对加工贸易的产业链进行前向延伸（提高内资企业研发能力）和后向延伸（增强市场的商业模式创新），提高出口产品的增加值与技术含量。同时，需要增强对自主知识产权的保护，积极培育与创建自主品牌，努力提升贸易标准化的研发能力，实时掌握国际标准化组织的研究动态，积极参与国际标准的制定与颁布，努力促使本国技术标准上升为国际标准，并积极与发达国家建立标准互认机制，进一步推动贸易的多元化发展。

3. 破除贸易开放与产业协同集聚的“门槛效应”，实现两者的匹配发展

研究表明，在不同的贸易开放度门槛下，生产性服务业与制造业协同集聚对地区雾霾污染的影响差异较大。因此，在实际操作过程中不能“两张皮”，不可一味地为提高生产性服务业与制造业协同集聚水平而追求外贸增长方式的规模型扩张，需因地制宜，统筹地区协调发展。具体而言，中西部地区的贸易开放水平仍然较低，未能形成有效的规模经济，需要进一步扩大贸易开放水平，借助贸易技术和知识溢出推动生产性服务业与制造业的深度融合，降低单位生产能耗，而东部地区绝大多数省份贸易开放已进入瓶颈期，对外开放的释放政策红利有限，FDI 产生明显的“挤出效应”，应当以转变对外贸易增长方式为抓手，为高质量的贸易结构“腾笼换鸟”，注重向贸易质量效益型发展模

式转变。

（五）关于源头控制对雾霾污染防治的对策建议

1. 以控制燃烧源为突破口，改善能源消费结构，提升能源使用效率

由以上实证分析可以看出，燃烧源带来的污染是雾霾产生的主要来源，控制燃烧源可以降低雾霾污染程度。除了我国长期能源消费以燃煤为主外，燃煤结构也非常不合理。企业燃煤大多采用价格低廉的劣质煤，燃烧效率普遍不高，在导致资源严重浪费的同时，其排放出的大气污染物也远远高于优质煤。经济新常态要求我们减轻环境的负担，污染物排放要适应自然环境的承载力，由此不但要降低煤炭在能源消费中的比重，同时也要降低劣质煤的使用比重。在这一进程中，各个地区还需因地制宜，着眼于自身的实际现状。如山西是煤炭大省，由于生产生活的能源多以煤炭为主，所以调整过程就要循序渐进，逐步用天然气等清洁能源进行替代。与此同时，也要大力采用清洁能源，提高对新能源的开采技术水平以及开采效率，逐步调整清洁能源在我国能源消费中所占的比重，逐渐完成其对煤炭的替代。

提升能源利用效率有利于雾霾程度的缓解，这就要求我们对企业进行一系列整改，逐步改进落后的生产方式，提高生产水平，引进和借鉴国内外先进的人才、技术和经验，大力推进企业实行绿色清洁的低能耗生产技术；逐步淘汰落后老旧高能耗的企业，支持低耗高效部门，逐渐实现能源结构、能效方面的转型升级；严格执行节约能源的方针，采取超能耗提价、差别价格等经济手段，对高能耗企业采取价格方面的措施，逐步减少能源消耗，降低生产单位产品的能耗；减少对劣质煤的使用，减少其因燃烧不彻底导致的高污染排放与高能耗。

2. 以控制工业源为突破口，优化产业结构，发展绿色环保产业

工业源始终是雾霾污染的重要来源之一，对工业源头污染的有效控制对雾霾起到一定的缓解作用。相对于以第三产业为主导的城市，重工业比重过高的城市污染物排放量要高得多，势必给大气环境带来很大的压力。因此，转变产业结构，优化调整既是消灭雾霾的有效途径，也是经济新常态下突破前进瓶颈

的必由之路。而我国目前正处于产业转型的关键阶段，更是要分地区、分情况逐渐实现产业转型。对于经济发达的东部地区，在这个过程中要大力鼓励能源消耗少、污染排放少、经济效益高的第三产业发展，对其给予人才、资金方面的帮助，加大企业的技术突破力度，实现绿色、清洁生产。而对于承受产业转移的中西部地区，要严格把控企业的准入标准，制定相关法律法规，禁止高污染、高能耗的企业进入，提高污染物排放控制的门槛标准，真正促进产业、地区的可持续发展。此外，关停并转一系列落后的老旧企业，减少其对大气环境的污染。

另外，低碳化作为我国经济新常态的重大目标，可以大力发展节能环保等绿色低耗产业，不仅有助于我国产业结构、能源结构的转型，也对推动可持续发展，促进我国生态文明建设有重要意义。这就需要政府在政策等各方面发挥积极作用，加快绿色低耗产业的发展，增加对其的研发力度，使其快速成长为我国的支柱产业。

3. 以控制交通源为突破口，加强汽车尾气治理，大力发展城市公共交通

在对交通源的控制方面，需要加大对交通源头的治理力度。虽然没有通过格兰杰因果检验，但从脉冲响应图中可以看出，交通源控制对雾霾污染有一定程度的抑制作用，并且机动车尾气排放无疑正在成为城市雾霾污染的元凶，仅依靠现有的通过限行、摇号来减少汽车流量的行为较为被动。首先，需要加强对汽车的尾气排放进行源头上的控制，如使用更为清洁的汽油，制定更高的燃油标准；大力发展清洁技术，对高排量汽车安装尾气净化设备；对新车的排放量进行限制并进行年检，对废旧的高排量车辆进行淘汰，提倡公众购买纯电动车或新能源车辆，减少大气污染物的排放。其次，改善我国现有的交通运输体系。我国在道路建设方面尚缺乏长期规划，许多道路设置不合理导致交通拥堵情况严重，进而排放大量大气污染物。因此，做出合理长期规划，保证实施效率，建成通畅、规模化的交通运输体系有助于缓解愈演愈烈的堵塞状况，从而达到减排的目标。

另外，加强对地铁、公交、公共自行车的线路、停靠站、供应点建设，不断增大公共交通的覆盖面积。政府应该发挥在规制、财政方面的积极作用，鼓

励公众采用公共交通等低碳出行方式。我们应该不断增强环境保护教育，提升思想意识水平，支持政府颁布实施的各项政策规定，全民参与对雾霾的防治过程。公共交通的用油也要注意尽快升级改良，提高汽油质量，推动清洁能源的使用。

（六）关于联防联控对雾霾污染防治的对策建议

1. 促进区际协作，构建区域联防联控治理机制

在雾霾治理上需要突破以往的思维定式，以“共赢思维”取代“零和思维”，进一步构建区域联防联控治理机制，杜绝“各自为战”的治理模式。此处可借鉴美国的治理经验，根据区域重点污染源气象、地貌、地势、大气流动的特点，设定“空气域”（Air Basin）范围，组建专门的空气质量管理机构对大气环境进行统一管理，在短期内及时治理大气环境，削弱雾霾污染的动态累积效应和长期的负面环境效应。具体来讲，雾霾区域协调管理机制应当由国家权威机关总管和各级政府协管，杜绝因分层管理导致机构臃肿而产生政出多门的现象；应当对区内重点行业和企业进行定期的检查监督，将整顿焦点凝聚在化工、火电、水泥、煤炭、有色金属等对大气污染严重的企业，并对区内企业制定排污许可准入制度。

各地区更要自觉加强环境保护合作，在污染监测、环保执法、技术研发和生态补偿等多个层面开展环保协作。例如，健全区域环境质量监测网络，强化污染预警功能，建立污染应急响应机制，最大限度降低突发性污染事件危害；实施区域联合监管，对环境污染防治工作进行定期监督检查和考核，整治违法排污企业，打击跨界污染违法行为；完善区域环保技术研发机制，整合企业、科研院所和社会组织的力量，积极开展环保技术研究和学术交流；建立跨区域、跨流域生态补偿机制，在法律法规范围内适度引入市场机制，各方共同参与、相互监督、协作推进，以诚信态度和契约精神保证协议长期履行。

2. 健全法律法规政策，督促多方参与治理

虽然我国已出台多项环保法规和政策，但随着经济社会的飞速发展，已经无法完全满足现实需要，特别是区域协作治污领域，法律法规十分匮乏。在社

会经济关联日益紧密的背景下，加快实现区域环境政策法规一体化迫在眉睫。各地政府应当协同倡议完善环境保护法律，增加环保区域协作法律，共商共议环境合作法规，为合作防治污染创造良好的法制环境，更好地促进环境保护一体化，实现区域整体效益最大化。

各行政区内部有待改进和创新环保制度体系。一是加大行政管制力度，加强行政管制手段运用，制定行之有效的行政管制措施，严厉打击环境违法违规行为；二是改进监督管理工具，从污染源、污染监管监测和政策实施监督等角度健全环境监督检查体系，提高环境监督的质量和效率；三是创新经济规制工具，完善市场化经济激励和约束机制，建立合理的排污收费标准和税收管理制度，不断改良和创新环境治理的经济补偿政策。

政府是保护和改善生态环境的主导力量，但其他各方参与环保行动的作用同样不容忽视。环境保护需要政府引导，更需要民间助力。环保公益组织作为政府和企业之外的第三方力量，是推动我国环境保护事业发展与进步的重要力量。各地政府应当加强与环保社会组织的交流与合作，支持环保公益组织的各项行动，积极促进社会组织之间的交流学习，提升社会组织推行环保项目的实践能力。在公众参与方面，各地政府需要大力倡导环保价值观，提高公民环保责任感，引导全社会形成绿色的消费和生活方式，推动民众在点滴行为中贯彻环保理念，自觉抵制和监督环境污染行为，以公众力量支持环境保护，改善生态环境。

3. 综合评估区域环保成效，增强违约处罚力度

（1）统一监测区域环境污染，协同降低防污治污成本。一方面需要增强环境质量监测站功能，对主要污染物进行常规监测，并逐步增加评价指标，力求准确反映区域环境质量；另一方面应该增加和优化环境质量监测点位，在行政区之间设立监测点位，对污染物跨区域输送现象展开实时监控。同时，还需进一步提高监测信息共享水平，为突发性污染事件预警提供技术支持。

（2）联合环保执法，强化污染管理监督。各地区亟须建立环保联合执法机制，对重点城市环境污染防治工作进行监督检查和考核，整治违法排污企业。进一步规范环境监察执法行为，统一环境执法标准，强化环境执法能力，

增强执法监管力度；协调处理跨区域重大污染纠纷，打击行政区边界污染违法行为。

（3）环境污染联防联控的有效实施必须以有力的监督机制为保障。建立联防联控评估考核体系，将区域环境保护目标分解落实到各级政府与有关部门，定期组织评估检查和考核，对环境质量改善和规划落实情况进行跟踪调查。在此基础上，中央政府应该出台明确的监督和惩罚措施，增强地方政府的外部监督压力；联防联控领导小组应当结合环境质量管理奖惩措施对地方政府施压，对屡次违约的地方政府加大处罚力度，迫使地方政府实现环保规划目标。

第十一章　结论与展望

雾霾污染具有很强的负外部性，各地区各经济部门受自身利益最大化目标的驱使，造成雾霾频发的“公地悲剧”，导致我国雾霾污染日益严重。而在经济新常态背景下，以稳增长、调结构和促改革为特征的新的发展诉求必将导致经济发展方式和环境治理模式产生新的突破，我国的雾霾防治工作也将进入新阶段。本书在经济新常态背景下，以雾霾防治为研究对象，借助雾霾污染物产生端的“源头控制”和扩散端的“联防联控”治理思想，以我国雾霾污染的现状、形成机理以及关键影响因素为切入点，探讨我国雾霾防治的有益模式，并通过科学设计雾霾防治机制来实现我国雾霾污染有效防治的目的，为实现经济新常态下我国雾霾污染的有效防治提供决策依据和有益参考。

本书借助泰尔指数测算及其分解方法以及经济增长中的收敛分析方法，研究了我国雾霾污染强度的地区差异与收敛性；从社会、政府、制度和经济四个角度，探讨了城镇化、环境规制、要素市场扭曲和产业协同集聚、贸易开放对我国雾霾污染治理的影响研究；讨论了污染物源头控制模式和跨区域联防联控模式对我国雾霾防治的效应研究；分别从协调机制、监督机制、保障机制和合作机制入手，对雾霾污染防治进行立体式、综合性的机制设计，并充分借鉴国内外典型区域的成功经验，从多个层面提出了新常态下我国雾霾污染防治的具体的可操作性的政策建议。

基于上述研究，本书得出以下主要结论：①我国雾霾污染强度存在 σ 收敛和 β 收敛特征，但近年来我国雾霾污染差异存在一定的反弹势头。②城镇化

对雾霾污染治理效应显著，人口城镇化和产业城镇化不仅对雾霾污染有着显著的直接效应，而且能够通过相关作用路径间接影响雾霾污染。③环境规制不仅能够直接影响雾霾治理，还会通过调整产业结构和优化能源消耗结构这两条路径有效降低我国雾霾浓度。④要素市场扭曲显著加剧了雾霾污染，且存在显著的门槛效应。⑤生产性服务业与制造业协同集聚对我国雾霾污染存在明显的改善作用，贸易开放在初期对雾霾污染的抑制作用不显著，但随着时间的推移抑制作用变得显著。⑥通过控制燃烧源和工业源可以最大限度地减轻雾霾污染的程度，这也是高效率治理雾霾污染的主要抓手和重要着眼点。对交通源的控制还要持续增强，还要采取适当的措施催生出交通源控制对缓解雾霾污染强有力的效应。⑦地方政府参与合作治理的概率与地区雾霾污染物减排目标（环境收益）、雾霾污染损失、联防联控协议违约金和中央政府惩罚力度成正比，与治霾经济成本成反比。

尽管已取得了丰富的研究成果，但是由于各方面条件的限制，本书依然存在一定的不足之处：

第一，本书主要集中在宏观层面的雾霾污染研究，然而我国工业发达、制造业众多，减少雾霾污染、发展低碳经济最终需要落实到企业微观层面，因此未来的研究需要加强对微观企业的调研和分析。

第二，除了社会层面、政府层面、制度层面以及经济层面之外，人们的日常生活也是造成我国雾霾污染居高不下的重要原因，加强这方面的研究对缓解我国雾霾污染具有重要的推动作用，需要未来研究的进一步跟进。

第三，本书主要从污染物源头控制和跨区域联防联控两个维度对雾霾污染防治模式进行效应分析，但未进一步模拟污染物源头控制模式和跨区域联防联控模式对我国雾霾防治的作用效应，在今后的研究中需要进一步拓展。

参考文献

[1] Anselin L. Local Indicators Spatial Association-LISA [J]. Geographical Analysis, 1995, 27 (2): 93-115.

[2] Barro R. J. Economic Growth in a Cross Section of Countries [J]. Quarterly Journal of Economics, 1991, 106 (2): 407-443.

[3] Bing C., Zhe B., Xinjuan C., Jianmin C., August A., Örjan G. Light Absorption Enhancement of Black Carbon from Urban Haze in Northern China Winter [J]. Environmental Pollution, 2017 (221): 418-426.

[4] Chengwei L., Jiuping X., Heping X., Ziqiang Z., Yimin W. Equilibrium Strategy Based Coal Blending Method for Combined Carbon and PM10 Emissions Reductions [J]. Applied Energy, 2016 (183): 1035-1052.

[5] Christopher A. S. Money, Income, and Causality [J]. The American Economic Review, 1972, 62 (4): 540-552.

[6] Daozhi Z., Laixun Z. Pollution Havens and Industrial Agglomeration [J]. Journal of Environmental Economics and Management, 2009, 58 (2): 141-153.

[7] Davis L. W. The Effect of Driving Restrictions on Air Quality in Mexico City [J]. Journal of Political Economy, 2008, 116 (1): 38-81.

[8] Forsyth T. Public Concerns about Transboundary Haze: A Comparison of Indonesia, Singapore, and Malaysia [J]. Global Environmental Change, 2014, 25

(1): 76-86.

[9] Granger C. W. J. Investigating Causal Relations by Econometric Models and Cross-Spectral Methods [M]. Cambridge: Harvard University Press, 2001.

[10] Grossman G. M., Krueger A. B. Environmental Impacts of a North American Free Trade Agreement [R]. National Bureau of Economic Research, 1991.

[11] Hand J. L., Malm W. C. Review of Aerosol Mass Scattering Efficiencies from Ground-Based Measurements since 1990 [J]. Journal of Geophysical Research, 2007, 112 (18): 1-24.

[12] Hand J. L., Schichtel B. A., Malm W. C., Copeland S., Molenar J. V., Frank N., Pitchford M. Widespread Reductions in Haze Across the United States from the Early 1990s Through 2011 [J]. Atmospheric Environment, 2014, 94 (9): 671-679.

[13] Hongbo F., Jianmin C. Formation, Features and Controlling Strategies of Severe Haze-Fog Pollutions in China [J]. Science of the Total Environment, 2017 (578): 121-138.

[14] Hosseini H., Rahbar F. Spatial Environmental Kuznets Curve for Asian Countries: Study of CO_2 and PM10 [J]. Journal of Environmantal Studies, 2011, 37 (58): 1-14.

[15] Hosseini H. M., Kaneko S. Can Environmental Quality Spread through Institutions [J]. Energy Policy, 2013 (56): 312-321.

[16] Huiming L., Hongfei W., Qingeng W., Meng Y., Fengying L., Yixuan S., Xin Q., Jinhua W., Cheng W. Chemical Partitioning of Fine Particle-Bound Metals on Haze-Fog and Non-Haze-Fog Days in Nanjing, China and Its Contribution to Human Health Risks [J]. Atmospheric Research, 2017 (183): 142-150.

[17] Joachim S., Karoline R., Regina B. Incentives for Energy Efficiency in the EU Emissions Trading Scheme [J]. Energy Efficiency, 2009, 2 (1): 37-67.

[18] Lee J. S. H., Jaafar Z., Tan A. K. J., Carrasco L. R., Ewing J.,

Bickford D., Webb E. L., Koh L. P. Toward Clearer Skies: Challenges in Regulating Transboundary Haze in Southeast Asia [J]. Environmental Science & Policy, 2016, 55 (1): 87-95.

[19] Lindmark M. An EKC-Pattern in Historical Perspective: Carbon Dioxide Emissions, Technology, Fuel Prices and Growth in Sweden 1870-1997 [J]. Ecological Economics, 2002, 42 (1): 333-347.

[20] Lingyan Y., Wen-Cheng W., Shih-Chun C. L., Zhelin S., Chongjun C., Jen-Kun C., Qiang Z., Yu-Hsin L., Chia-Hua L. Polycyclic Aromatic Hydrocarbons are Associated with Increased Risk of Chronic Obstructive Pulmonary Disease during Haze Events in China [J]. Science of the Total Environment, 2017 (574): 1649-1658.

[21] Love I., Zicchino L. Financial Development and Dynamic Investment Behavior: Evidence from Panel VAR [J]. Quarterly Review of Economics & Finance, 2007, 46 (2): 190-210.

[22] Maddison D. Modeling Sulphur Emissions in Europe: A Spatial Econometric Approach [J]. Oxford Economic Papers, 2007 (59): 726-743.

[23] Minghui T., Liangfu Chen, Xiaozhen X., Meigen Z., Pengfei M., Jinhua T., Zifeng W. Formation Process of the Widespread Extreme Haze Pollution over Northern China in January 2013: Implications for Regional Air Quality and Climate [J]. Atmospheric Environment, 2014 (98): 417-425.

[24] Nicole P. H. Impaired Visibility: The Air Pollution People See [J]. Atmospheric Environment, 2009, 43 (1): 182-195.

[25] Oliva P. Environmental Regulations and Corruption: Automobile Emissions in Mexico City [J]. Journal of Political Economy, 2015, 123 (3): 686-724.

[26] Ottaviano G., Tabuchi T., Thisse J. F. Agglomeration and Trade Revisited [J]. International Economic Review, 2002, 43 (2): 409-435.

[27] Pesaran M. H., Smith R. Estimating Long-Run Relationships from Dynamic Heterogeneous Panels [J]. Journal of Econometrics, 1995, 68 (1): 79-113.

[28] Richard S., Robert N. S. The SO_2 Allowance Trading System: The Ironic History of a Grand Policy Experiment [J]. Journal of Economic Perspectives, 2013, 27 (1): 103-122.

[29] Ru-Jin H., Yanlin Z., Carlo B., Kin-Fai H., Jun-Ji C., Yongming H., Kaspar R., Daellenbach Jay G., Slowik, Stephen M., Platt, Francesco C., Peter Z., Robert W., Simone M. P., Emily A., Bruns, Monica C., Giancarlo C., Andrea P., Margit S., Gülcin A., Jürgen S., Ralf Z., Zhisheng A., Sönke S., Ursbaltensperger, Imadelhaddad, André S. H. High Secondary Aerosol Contribution to Particulate Pollution during Haze Events in China [J]. Nature, 2014, 514 (7521): 218-222.

[30] Schou P. When Environmental Policy is Superfluous: Growth and Polluting Resources [J]. The Scandinavian Journal of Economics, 2002, 104 (4): 605-620.

[31] Shorrocks A. F. The Class of Additively Decomposable Inequality Measures [J]. Econometrica, 1980, 48 (3): 613-625.

[32] Sims C. A. Comparison of Interwar and Postwar Business Cycles: Monetarism Reconsidered [J]. American Economic Review, 1980, 70 (2): 250-257.

[33] Stuart A. L., Mudhasakul S., Sriwatanapongse W. The Social Distribution of Neighborhood-Scale Air Pollution and Monitoring Protection [J]. Journal of the Air & Waste Management Association, 2009, 59 (5): 591-602.

[34] Wenwei R., Yang Z., John M., Bruce A., W. Edgar W., Jiakuan C., Hok-Lin L. Urbanization, Land Use, and Water Quality in Shanghai: 1947-1996 [J]. Environment International, 2003, 29 (5): 649-659.

[35] Xiaolin Z., Mao M. Brown Haze Types Due to Aerosol Pollution at Hefei

in the Summer and Fall [J]. Chemosphere, 2015, 119 (119): 1153-1162.

[36] Yzerbyt V. Y. When Moderation is Mediated and Mediation is Moderated [J]. Journal Personality and Social Psychology, 2005, 89 (6): 852-863.

[37] 白俊红, 卞元超. 要素市场扭曲与中国创新生产的效率损失 [J]. 中国工业经济, 2016 (11): 39-55.

[38] 白洋, 刘晓源. "雾霾" 成因的深层法律思考及防治对策 [J]. 中国地质大学学报 (社会科学版), 2013 (6): 27-33.

[39] 包群, 邵敏, 杨大利. 环境管制抑制了污染排放么? [J]. 经济研究, 2013 (12): 42-54.

[40] 蔡海亚, 徐盈之, 孙文远. 中国雾霾污染强度的地区差异与收敛性研究——基于省际面板数据的实证检验 [J]. 山西财经大学学报, 2017, 39 (3): 1-14.

[41] 蔡海亚, 徐盈之. 产业协同集聚、贸易开放与雾霾污染 [J]. 中国人口·资源与环境, 2018, 28 (6): 93-102.

[42] 蔡海亚, 徐盈之. 贸易开放是否影响了中国产业结构升级? [J]. 数量经济技术经济研究, 2017 (10): 3-22.

[43] 蔡敬梅. 产业集聚对劳动生产率的空间差异影响 [J]. 当代经济科学, 2013, 35 (6): 25-34.

[44] 陈国亮, 陈建军. 产业关联、空间地理与二三产业共同集聚 [J]. 管理世界, 2012 (4): 82-100.

[45] 陈开琦, 杨红梅. 发展经济与雾霾治理的平衡机制 [J]. 社会科学研究, 2015 (6): 42-48.

[46] 程念亮, 李云婷, 孟凡, 程兵芬. 我国 PM2.5 污染现状及来源解析研究 [J]. 安徽农业科学, 2014 (15): 4721-4724.

[47] 戴小文, 唐宏, 朱琳. 城市雾霾治理实证研究——以成都市为例 [J]. 财经科学, 2016 (2): 123-132.

[48] 丁志国, 赵宣凯, 苏治. 中国经济增长的核心动力 [J]. 中国工业经

济，2012（9）：18-30.

［49］东童童，李欣，刘乃全．空间视角下工业集聚对雾霾污染的影响——理论与经验研究［J］．经济管理，2015（9）：29-42.

［50］豆建民，张可．空间依赖性、经济集聚与城市环境污染［J］．经济管理，2015（10）：12-21.

［51］樊纲，王小鲁，马光荣．中国市场化进程对经济增长的贡献［J］．经济研究，2011（9）：1997-2011.

［52］冯博，王雪青．考虑雾霾效应的京津冀地区能源效率实证研究［J］．干旱区资源与环境，2015，29（10）：1-7.

［53］高嘉颖．长三角环境污染综合治理机制研究［D］．东南大学硕士学位论文，2016.

［54］龚勤林，何芳．区域经济活动外部性校正的区域政策工具组合与创新［J］．经济体制改革，2014（3）：43-47.

［55］郭付友，李诚固，陈才，甘静．2003 年以来东北地区人口城镇化与土地城镇化时空耦合特征［J］．经济地理，2015，35（9）：49-56.

［56］韩力慧，张鹏，张海亮，程水源，王海燕．北京市大气细颗粒物污染与来源解析研究［J］．中国环境科学，2016（11）：3203-3210.

［57］何绍田．制度创新推动中国珠三角新型城镇化研究［D］．武汉大学博士学位论文，2014.

［58］何小钢．结构转型与区际协调：对雾霾成因的经济观察［J］．改革，2015（5）：33-42.

［59］冷艳丽，杜思正．能源价格扭曲与雾霾污染——中国的经验证据［J］．产业经济研究，2016（1）：71-79.

［60］李斌，李拓．环境规制、土地财政与环境污染——基于中国式分权的博弈分析与实证检验［J］．财经论丛，2015（1）：99-106.

［61］李根生，韩民春．财政分权、空间外溢与中国城市雾霾污染：机理与证据［J］．当代财经，2015（6）：6-34.

［62］李胜，陈晓春．基于府际博弈的跨行政区流域水污染治理困境分析［J］．中国人口·资源与环境，2011（12）：104-109.

［63］李水平，张丹．湖南省城镇化与环境污染的库兹涅茨曲线［J］．系统工程，2014（1）：152-158.

［64］李欣，曹建华，孙星．空间视角下城市化对雾霾污染的影响分析——以长三角区域为例［J］．环境经济研究，2017，2（2）：81-92.

［65］梁伟，杨明，李新刚．集聚与城市雾霾污染的交互影响［J］．城市问题，2017（9）：83-93.

［66］刘伯龙，袁晓玲，张占军．城镇化推进对雾霾污染的影响——基于中国省级动态面板数据的经验分析［J］．城市发展研究，2015，22（9）：23-27.

［67］刘晨跃，徐盈之．城镇化如何影响雾霾污染治理？——基于中介效应的实证研究［J］．经济管理，2017，39（8）：6-23.

［68］刘晨跃，徐盈之．环境规制如何影响雾霾污染治理？——基于中介效应的实证研究［J］．中国地质大学学报（社会科学版），2017，17（6）：41-53.

［69］刘华军，雷名雨．中国雾霾污染区域协同治理困境及其破解思路［J］．中国人口·资源与环境，2018，28（10）：88-95.

［70］刘生龙，张捷．空间经济视角下中国区域经济收敛性再检验——基于1985-2007年省级数据的实证研究［J］．财经研究，2009，35（12）：16-26.

［71］罗能生，李建明．产业集聚及交通联系加剧了雾霾空间溢出效应吗？——基于产业空间布局视角的分析［J］．产业经济研究，2018（4）：52-64.

［72］马海涛，师玉朋．三级分权、支出偏好与雾霾治理的机理——基于中国式财政分权的博弈分析［J］．当代财经，2016（8）：24-32.

［73］马丽梅，刘生龙，张晓．能源结构、交通模式与雾霾污染——基于空间计量模型的研究［J］．财贸经济，2016（1）：147-160.

［74］马丽梅，张晓．中国雾霾污染的空间效应及经济、能源结构影响［J］．中国工业经济，2014（4）：19-32.

［75］宁淼，孙亚梅，杨金田．国内外区域大气污染联防联控管理模式分析

[J]. 环境与可持续发展, 2012 (5): 11-18.

[76] 潘峰, 西宝, 王琳. 地方政府间环境规制策略的演化博弈分析 [J]. 中国人口·资源与环境, 2014 (6): 97-102.

[77] 潘月云, 李楠, 郑君瑜, 尹沙沙, 李成, 杨静. 广东省人为源大气污染物排放清单及特征研究 [J]. 环境科学学报, 2015, 35 (9): 2655-2669.

[78] 齐红倩, 王志涛. 我国污染排放差异变化及其收入分区治理对策 [J]. 数量经济技术经济研究, 2015 (12): 57-73.

[79] 齐亚伟. 空间集聚、经济增长与环境污染之间的门槛效应分析 [J]. 华东经济管理, 2015, 29 (10): 72-78.

[80] 秦蒙, 刘修岩, 仝怡婷. 蔓延的城市空间是否加重了雾霾污染——来自中国 PM2.5 数据的经验分析 [J]. 财贸经济, 2016, 37 (11): 146-160.

[81] 秦蒙, 刘修岩. 城市蔓延是否带来了我国城市生产效率的损失?——基于夜间灯光数据的实证研究 [J]. 财经研究, 2015, 41 (7): 28-40.

[82] 任保平, 段雨晨. 我国雾霾治理中的合作机制 [J]. 求索, 2015 (12): 4-9.

[83] 邵帅, 李欣, 曹建华, 杨莉莉. 中国雾霾污染治理的经济政策选择——基于空间溢出效应的视角 [J]. 经济研究, 2016, 51 (9): 73-88.

[84] 史青. 外商直接投资、环境规制与环境污染——基于政府廉洁度的视角 [J]. 财贸经济, 2013 (1): 93-103.

[85] 孙传旺, 刘希颖, 林静. 碳强度约束下中国全要素生产率测算与收敛性研究 [J]. 金融研究, 2010 (6): 17-33.

[86] 汤璇, 夏方舟. 利益相关者雾霾应对行为研究 [J]. 江西社会科学, 2016 (5): 205-210.

[87] 童玉芬, 王莹莹. 中国城市人口与雾霾: 相互作用机制路径分析 [J]. 北京社会科学, 2014 (5): 4-10.

[88] 汪伟全. 空气污染的跨域合作治理研究——以北京地区为例 [J]. 公共管理学报, 2014, 11 (1): 55-64.

[89] 汪小勇．美国跨界大气环境监管经验对中国的借鉴 [J]．中国人口·资源与环境，2012，22 (13)：118-123.

[90] 王会，王奇．中国城镇化与环境污染排放：基于投入产出的分析 [J]．中国人口科学，2011 (5)：57-66.

[91] 王家庭，张俊韬．我国城市蔓延测度：基于35个大中城市面板数据的实证研究 [J]．经济学家，2010 (10)：56-63.

[92] 王书斌，徐盈之．环境规制与雾霾脱钩效应——基于企业投资偏好的视角 [J]．中国工业经济，2015 (4)：18-30.

[93] 魏嘉，吕阳，付柏淋．我国雾霾成因及防控策略研究 [J]．环境保护科学，2014 (5)：51-56.

[94] 魏巍贤，马喜立．能源结构调整与雾霾治理的最优政策选择 [J]．中国人口·资源与环境，2015，25 (7)：6-14.

[95] 吴建南，秦朝，张攀．雾霾污染的影响因素：基于中国监测城市PM2.5浓度的实证研究 [J]．行政论坛，2016 (1)：62-66.

[96] 吴立军，田启波．中国碳排放的时间趋势和地区差异研究——基于工业化过程中碳排放演进规律的视角 [J]．山西财经大学学报，2016，1 (38)：25-35.

[97] 吴瑞明，胡代平，沈惠璋．流域污染治理中的演化博弈稳定性分析 [J]．系统管理学报，2013 (6)：797-801.

[98] 许广月，宋德勇．中国碳排放环境库兹涅茨曲线的实证研究——基于省域面板数据 [J]．中国工业经济，2010 (5)：37-47.

[99] 许广月．碳排放收敛性：理论假说和中国的经验研究 [J]．数量经济技术经济研究，2010 (9)：31-42.

[100] 宣烨．生产性服务业空间集聚与制造业效率提升——基于空间外溢效应的实证研究 [J]．财贸经济，2012 (4)：121-128.

[101] 薛俭，谢婉林，李常敏．京津冀大气污染治理省际合作博弈模型 [J]．系统工程理论与实践，2014，34 (3)：810-816.

[102] 杨仁发．产业集聚与地区工资差距 [J]. 管理世界，2013 (8)：41-52.

[103] 杨翔，李小平，周大川．中国制造业碳生产率的差异与收敛性研究 [J]. 数量经济技术经济研究，2015 (12)：3-20.

[104] 于斌斌，金刚．中国城市结构调整与模式选择的空间溢出效应 [J]. 中国工业经济，2014 (2)：31-44.

[105] 余长林，高宏建．环境管制对中国环境污染的影响——基于隐形经济的视角 [J]. 中国工业经济，2015 (7)：21-35.

[106] 原毅军，谢荣辉．产业集聚、技术创新与环境污染的内在联系 [J]. 科学学研究，2015，33 (9)：1340-1347.

[107] 臧传琴，刘岩，王凌．信息不对称条件下政府环境规制政策设计——基于博弈论的视角 [J]. 财经科学，2010 (5)：63-69.

[108] 曾世宏，夏杰长．公地悲剧、交易费用与雾霾治理——环境技术服务有效供给的制度思考 [J]. 财经问题研究，2015 (1)：10-15.

[109] 张华．地区间环境规制的策略互动研究——对环境规制非完全执行普遍性的解释 [J]. 中国工业经济，2016 (7)：74-90.

[110] 张华．环境规制提升了碳排放绩效么？——空间溢出视角下的解答 [J]. 经济管理，2014 (12)：166-175.

[111] 张军，吴桂英，张吉鹏．中国省际物质资本存量估算：1952-2000 [J]. 经济研究，2004 (10)：35-44.

[112] 张生玲，李跃．雾霾社会舆论爆发前后地方政府减排策略差异——存在舆论漠视或舆论政策效应吗？[J]. 经济社会体制比较，2016 (3)：52-60.

[113] 张伟，周根贵，曹柬．政府监管模式与企业污染排放演化博弈分析 [J]. 中国人口·资源与环境，2014 (3)：108-113.

[114] 张学刚，钟茂初．政府环境监管与企业污染的博弈分析及对策研究 [J]. 中国人口·资源与环境，2011 (2)：31-35.

[115] 张学良．中国交通基础设施促进了区域经济增长吗——兼论交通基

础设施的空间溢出效应 [J]. 中国社会科学, 2012 (3): 60-78.

[116] 郑君君, 韩笑, 潘子怡. 基于 Malmquist 指数的房地产开发企业全要素生产率变动及收敛性研究 [J]. 中国软科学, 2013 (3): 141-151.

[117] 周杰琦. 中国碳强度的收敛性及其影响因素研究 [J]. 广东财经大学学报, 2014 (2): 12-20.

[118] 周景坤. 中国雾霾防治的政策创新 [J]. 科技管理研究, 2016 (11): 205-210.

[119] 朱平芳, 张征宇, 姜国麟. FDI 与环境规制: 基于地方分权视角的实证研究 [J]. 经济研究, 2011 (6): 133-145.

后　记

本书是一部兼顾学术研究、实证分析与政策研究的综合性研究著作，是在本人主持的国家社科基金重点项目“新常态下我国雾霾防治模式与机制研究”（15AJY009）最终成果的基础上形成的。回顾自 2015 年立项以来四年多的研究工作，尽管其间经历了不少艰辛，但是看到这些年的努力终有收获，心中更多的是喜悦和感慨。

在书稿即将付梓之际，感谢全国哲学社会科学工作办公室的资助，在该课题的资助下，我发表了 30 余篇 CSSCI 论文和 SSCI 论文，形成了一批较有影响力的研究成果，也为我在 2019 年再次顺利立项国家社科基金重点项目奠定了扎实的基础。

感谢我的学生们，本书也是我的博士研究生刘晨跃、蔡海亚和硕士研究生高嘉颖、严春蕾、徐菱共同努力的成果。在迎来送往每一届学生的过程中，我感到了学生的无限潜力和蓬勃活力，能够有幸参与到他们的生命故事中，并对他们的学术和人生的成长起到积极的作用，对我而言，是莫大的荣幸，更是责任和使命。

感谢我的同事们，特别要感谢我的老领导徐康宁院长在学术道路上对我的帮助，在与他们的学术交流中，我受益匪浅。他们一直以来对我的鼓励和支持，使我一直追踪着环境经济学领域的学术前沿，在学术道路上不断进步。回想申报该课题的 2015 年，正是全国雾霾污染肆虐之时，作为一名经济学者，本书的出版如果能为改善雾霾问题、经世济民贡献一点微薄力量，本人会感到非常荣幸。

感谢我的先生不顾自己科研工作的繁忙，替我分担了很多家务和孩子的教育，正是他对我的全力呵护和理解支持才使我能够潜心研究，今天在学术上做出了一点成绩。也感谢我的儿子李之洋，他的努力、好学、幽默和懂事是我不断前行的动力。

感谢东南大学中央高校建设一流大学（学科）和特色发展引导专项资金的资助，同时感谢经济管理出版社编辑郭丽娟老师的辛勤付出，本书才能顺利地与读者见面。

此时我国包括全球正经历一场史无前例的疫情，未来，也许还会遇到突如其来的挑战或机遇，希望我们都能够热爱并拥抱这个世界，从每一份际遇中收获成长。也希望自己能够不断努力，用自己的力量去推动中国甚至世界的发展和进步。

窗外蔷薇花缀满枝头，摇曳多姿，春去夏来，感恩生活……

徐盈之

2020 年初夏之际于南京